别在二十几岁，就过完了你的一生

慕颜歌 著

长江出版传媒 湖北科学技术出版社

别在二十几岁，就过完了你的一生

图书在版编目（CIP）数据
别在二十几岁，就过完了你的一生 / 慕颜歌著. --
武汉：湖北科学技术出版社，2018.3
ISBN 978-7-5352-9959-8
Ⅰ. ①别… Ⅱ. ①慕… Ⅲ. ①成功心理－青年读物
Ⅳ. ①B848.4-49

中国版本图书馆 CIP 数据核字（2017）第 317295 号

责任编辑：王小芳
封面设计：仙　境

出版发行：湖北科学技术出版社
www.hbstp.com.cn
地　　址：武汉市雄楚大街 268 号出版文化城
B 座 13-14 层
电　　话：027-87679468
邮　　编：430070
印　　刷：北京富泰印刷有限责任公司
邮　　编：100024
印　　张：7.75
开　　本：880mm×1230mm　1/32
版　　次：2018 年 3 月第 1 版
印　　次：2018 年 3 月第 1 次印刷
定　　价：39.80 元

目 录 //

第三章　现世安稳，是一件特别不靠谱的事

第四章　年轻时，要懂得自己才能成全自己

第五章　你要始终相信努力奋斗的意义

第六章　你真的想要一眼就望到头的生活吗

第七章 爱情可以有，但不能被束缚

第八章 二十几岁，你的人生有无限可能

第一章

别在二十几岁，
就过完了你的一生

别在二十几岁，就过完了你的一生

在输得起的年纪，要全力以赴

把“我应该”变成“我能”，在输得起的年纪里，去疯去梦去拼命。坚持到绝不退缩，拼搏到感动自己。

很多职场新人其实是被惯坏的一代，说好听点儿叫没什么心眼，说难听点儿就叫被动、没责任心。在父母的包办和庇佑下长大的他们，完全意识不到在职场里必须要拥有主观能动性。

缺乏主动性多和他们接受的教育有关。

有个小故事讲的是一个小孩问他爸爸：“我们家很有钱吗？”爸爸回答他：“我有钱，你没有。”所以，这个小孩从小就会自己努力，最终继承了父辈基业并发扬光大，他也如此向自己的子孙传承，几代以后，家族便有了百年企业。

另一个小孩问他爸爸：“我们家很有钱吗？”爸爸回答他：“我

有很多钱啊，等我死了，这些钱都是你的了。”所以，这个小孩从小就被娇惯，从来没有认真学习处理事务的能力，终日大把花钱、无所事事。接手父辈产业后，很快就挥霍殆尽，于是重演了一次“富不过三代”的故事。

在任何地方做任何工作，都需要独立处理事务的能力。但在父母包办下长大的孩子，几乎就是能不动就不动，能少干点儿就少干点儿，被调岗或遭解聘时还无比委屈：为什么别人过了试用期都转正了，我却要被调岗、被开除？

拜托，公司请你来解决问题，你却这也嫌麻烦那又觉得累，不烦不累的工作需要另外请人做吗？几个月下来，你不光白拿了工资，还占用了办公资源，给别人制造了一大堆问题，不调岗，不解聘，你叫人家怎么办？

我部门曾经有个职位岌岌可危的小姑娘，总是傻傻地问：能不能不干这个啦，能不能不干那个啦，我只好无可奈何地说：“你真是个傻丫头。”

一个股民会不会买一只股票，取决于他对这只股票的未来预期，会涨，或有很大可能会在短期内大涨，那么，他才会买，如果感觉手上持有的股票会跌，或已经在跌，他就会选择抛售。同理，一个单位要不要留用一个员工，则取决于这个员工能不能让人看到前途。

和很多初入职场甚至已经工作了几个年头的年轻人一样，她不知道，在短期内，像她那种员工，几乎只会产生公司纯粹的成本费用，而不是有利润预期的合作。他们的工作机会是：有人愿意用不多的成本代价，去看看他们是否能产生商业利润。

我想留下她，倒并非不舍得她走，而是不忍心她走后，她短暂的从业简历只能给人不光彩的推测：她没耐心或没能力。我希望她学得更多，变得更有价值时再离开。

那阵，她讨厌死我了，讨厌我逼她每周报多少选题，讨厌我逼她加班，讨厌我周末拉她来改写稿子，不过，像我这种职场老油条，早就不怕被她这样的小菜鸟讨厌了。正如我早就不怕任何人用任何有色眼镜看我一样。假如她再敏感一点儿的话，甚至可以感觉到我在刻意打击她的自尊。

但她不知道的是，她有一点点进步，我都会看在眼里，并为之欣喜。

当有人说感觉她突然变得主动了，能找选题了，我好开心，将来能不能留下其实并不重要，重要的是，她给同事的印象，变得好了一点点，可能是百分之十，不多，但终归是好了一些。有了这一点点主动，再到下一家公司去时，至少有了一些专业知识，至少有了一些职场历练。

那时，我常逼她看书，她非常讨厌我逼她看书，非常讨厌我逼她进行专业技能提升，其实我更讨厌：我竟然还要逼着人家成长。

她尤其讨厌我逼她翻译选题样稿，因为，如果选题未获通过，近乎无效劳作——显然这是谁都不想要的结果。有时，为了迁就她的任性，我只好挑一两节确实马上就用得着的内容让她学。不得不说，学习能力真是一种天赋，而她这方面的天赋要弱些，她看完那些内容，只能说出点儿模糊的感觉，却总是讲不出个子丑寅卯来。似乎连学东西，都有“鲶鱼效应”。

很多人知道著名的“鲶鱼效应”，但我还是想再和年轻人讲一下我眼中的“鲶鱼效应”。

如果部门人员过于稳定，就会缺乏活力，容易产生暮气。因此有必要找些像鲶鱼一样有竞争力的员工加入。潜在竞争者的存在，会让工作环境有种压力感，让员工有种紧迫感，于是便会不自觉地努力起来,适当地运用“鲶鱼理论”可以起到催化剂的作用，可以激发员工的潜力。

我认为,“鲶鱼效应”不仅仅是一条心理学上的“效应”或“定律”，很多人在得知一个事实或真实现象后，仅仅获得了一种肤浅的认知，很少有人会继续深入地延伸知识的价值——这就是很多人学识很丰富但始终无法发挥自己，总是“怀才不遇”的原因。

挪威人喜欢吃沙丁鱼，尤其是活沙丁鱼，所以市场上活沙丁鱼的价格要比死沙丁鱼高出许多倍。渔民为了让沙丁鱼活着回到渔港绞尽了脑汁。虽然经过种种努力，绝大部分沙丁鱼还是在途中死亡了,不过,有一条渔船却总能让大部分沙丁鱼活着回到渔港。所有人都想知道方法，但船长却严守秘密。直到船长去世，谜底才揭开。原来，船长在装沙丁鱼的鱼槽里放进了一条以沙丁鱼为食的鲶鱼。进入鱼槽后，由于环境陌生，鲶鱼就四处游动。而沙丁鱼见了天敌鲶鱼，就会十分紧张，四处躲避，加速游动起来，如此一来，沙丁鱼便活蹦乱跳地回到了渔港。这就是著名的“鲶鱼效应”。但愿你不要像沙丁鱼一样活着，被动地等着命运的翻腾。

想成为千里马，就要努力去成为鲶鱼，而不是像沙丁鱼一样，每天被动地、机械地等着安排。帮老板赚到钱了，老板自然会给你分钱。努力到无须用力，拼搏到感动自己，永远不要因为害怕辛苦而拒绝承担任务。

换一个工作，解决不了本质问题，正如不会游泳的人换个泳池也没用一样；没有任何一个平台叫“钱多、事少、离家近”，你付出几分，工作就对你回报几分；如果暂时没有回报，只能证明你付出的还不够。唯累过，方得闲，唯苦过，方知甜；相信自己，胜过依赖别人。凡事自动自发，才能成就自己。

再难，也不要轻易放弃

生命就是一场自己对自己的战斗，去追寻梦想吧，趁输得起。

“今天，我们要学习的新词包括‘大海’‘高速公路’‘远足旅行’……‘大海’是一种皮质沙发，当你累了，你就可以坐在大海上休息；‘高速公路’是一阵强烈的风；‘远足旅行’则是一种坚硬的材料……”

这是电影《狗牙》的开场白，那是2009年的一部希腊电影，讲的是一个奇特的封闭家庭，他们的房子被高高的围墙围了起来，父母反复告诫三个已近成年的孩子：高墙外面的世界凶险而残暴，只有家里才安全。在信奉“黄荆棍下出好人”的教条下，孩子们经常挨打挨骂；家中录音机播放的永远是“爱家主义”宣传……

而我们呢，一提起“起义”，只会想起“可歌可泣”，一说到“地主”，就想到了“骄奢淫逸”，当这些词汇在我们意识深处留下的情绪反射根深蒂固时，我们的年轻人已经习惯了以条件反射代替思考。

很多家长往往把自己的人生理想寄托在孩子身上，所谓“望子成龙”“为孩子好”，多是自己逃避努力的借口。为了孩子，他们愿意倾家荡产，却不愿意为孩子树立榜样：自己成为优秀的人。

这种包办式、溺爱式教育没有让我们的年轻人获得更好的生存能力，却使他们盲目自大、眼高手低，满腹“怀才不遇”的反社会情绪。

一个年轻人立身社会应该拥有的一切：适应能力、工作能力、处世方法、抗挫折能力、坚强的意志等，家庭和学校都不曾给过。他们在象牙塔里学了一些不知其所以然的概念，就天真地以为自己掌握了知识，他们并不知道，最基本的适应能力、抗挫折能力远比课本知识重要得多。年轻人没有基本的生活常识，思维总是十分天真，总以为有了制造砖瓦的泥土，就可以造出摩天大楼。

所以很多年轻人一踏入社会，就开始遭遇一系列的痛苦与挫折，只会在跌得头破血流时质问、迷茫……每刷新一次世界观、人生观、价值观，就会感叹一次自己又被生活欺骗了。当你发现生活欺骗了你时，不要悲伤，不要哭泣，因为明天生活还会继续欺骗你。

人生就像一个游泳池，不管你会不会游泳，你都已经跳了进去。只是，你一次又一次地在职场摔得满地找牙时才发现，毕业不是学习的结束，而是学习的开始。

命苦当然可以责怪社会，只是责怪社会并不能逃避命运；点背当然也可以恨社会，不过，再怎么恨社会，也改变不了既有的结果。

没有良好的出身，没有幸福的童年，甚至连安稳也无法拥有——当生活给我们设置了诸多障碍时，我们唯一还拥有的就是：梦想、理想、思想与激情。

梦想不需要安稳，而是需要"贫贱不能移，富贵不能淫，威武不能屈"，正如牛股不需要横盘一样。激烈震荡只是庄家的洗盘，你若承受住了分时图里波澜起伏和短期内K线图的上天入地，你就扛住了主力的诱、套、逼与欺，那段梦幻般美丽的鱼肚白，便会属于你。

所以，去见你想见的人吧，趁你一无所有；去拼命奋斗吧，趁现在还年轻，可以走很长的路；去追寻梦想吧，趁输得起。

不必因为不曾拥有什么而遗憾，如果我们能够坚持自己的理想，追逐自己的梦想，探索自己的独立思想，那么，纵使迷茫，我们也能做到永不放弃。

当你走过长长的岁月之河，回首过去时，会蓦然发现，当初的种种曲折离奇和颠沛流离，不过是整段人生里一段必经的并没有什么起伏的稳步上升之路，而其间细碎的惊吓恐惧，也不过是风乍起的春水初皱、波澜微惊而已。

现在的你，没有鄙视别人的资格

少废话，少吹牛，在不断努力中把自己打造成专家，不然，你就会被挤落桥下，误了自己一生。

有个经常被人提起的故事很能说明一些专业上的问题。

20世纪初，福特公司有一台电机出了毛病，相关的生产工作全部被迫停了下来。公司调来大批检修工人，反复检修都没能修好。许多专家也来查看了很多次，但怎么也找不到问题出在哪儿。

福特公司的老板气得火冒三丈，别说停一天，就是停一分钟都会造成巨大的经济损失，这样没完没了的检修，什么时候是个头啊？无奈之下，他只好请了著名的物理学家、电机专家斯坦门茨帮忙。

斯坦门茨仔细检查了电机后，用粉笔在电机外壳上画了一条线，让工作人员打开电机，立刻排除了故障。福特公司老板问斯坦门茨要多少酬金时，斯坦门茨说："不多，只需要1万美元。"

1万美元？他不就是简简单单地画了一条线吗？看大家迷惑不解，斯坦门茨开了个清单：画一条线，1美元；知道在哪儿画线，9999美元。福特公司老板看了之后，不仅照价付酬，还重金聘用了斯坦门茨。

这个故事说明：专业就是用来解决故障的，你有多专业，解决故障的能力就有多大。这样的感悟体鸡汤文，看上去比较切题。虽然我不欣赏感悟体鸡汤文，但是，只要一想到自己遇到的一些稿子，就感觉根本没有资格不欣赏人家了——太多的人热爱写作，但连句子或感悟都写不好，更遑论进行有理论高度的思考了。

必须说，同样是人世间的鸡零狗碎，刘亮程写出来的是上帝视角下的生命个体尊严，超越了感悟，甚至超越了理性。他笔下的一事一物，都回归了最本质的存在。有的所谓散文名家，文章多是流水账外加个人感悟。让你感动的是文字背后真正的智慧和阅历，而非单纯的"写"或"倾吐"。

但我不欣赏又能如何呢？只要一看到那些连流水账都不如的文章，或者拼凑出来的完全没逻辑的文章，你就不得不承认：再怎么不欣赏，人家的文字已经代表了当下某种类型的一流水准。

大多数时候，你认为很一般的产品，一般人还完不成。那些随便给一本书打差评的人，绝大多数并不是像我一样关心"平行宇宙论为什么不正确""平庸原理为什么不平庸"的人——或许他们也不欣赏我这类琐碎的感悟，他们大概认为，如果这也是书的话，自己也能随便拼凑一本。

平庸原理是一种科学哲学观念，美国天文学家卡尔·萨根认为，银河系可能有成千上万的文明的存在，人类或者地球在宇宙中并不重要，甚至没什么特别的。

当然，最后的结果往往是，他们自以为很简单的事情，真要着手去做，他们立马就会泄气，因为事情根本不像他们想象的那样简单。好比你缝衣服或造冰箱，理论方法很多也很容易懂，但是，你就是没办法缝出一件你喜欢的衣服或造出一台最简单的冰箱来一样。

如果只站在使用角度上去感受，就无法从创造角度去理解一个专业产品（即使是常规产品）背后真正需要的全部专业素质是什么。

同样，你只站在阅读体验中去感受鸡汤文，便会说出“没什么”“励志书读了不少，这是我看过最烂的一本，没有之一。没什么内容，看了半本后唯一的感慨就是浪费时间。实在读不下去了给同学了，同学读完也说不怎么样”，或者“内容爆烂的书，印刷也有问题”“写得太‘水’了，这也叫书的话我三天就能搞一本”等话来。

当然，我们没有资格责备体验者，毕竟人家花钱买体验，有权表达自己的感受。但我们作为行业中人，恐怕不该轻易地鄙视别人，除非你也能解决同样的问题。

所以：少废话，少吹牛，在不断努力中把自己打造成专家——否则，你连鄙视别人的资格都没有。

成功不可复制，努力却可以

一个人要学习的远远不是方法本身，而是使用方法的能力。

不要去看朋友圈。

不要去相信鸡汤式哲理。

不要相信“大师”，但不要拒绝我这个说真话的人。

所有的经管励志书都试图证明自己是成功秘籍，但所有的成功秘籍，能告诉你的除了大家耳熟能详的方法论，便是早就被古人今人翻来覆去强调了无数次的“坚持”和“努力”。唯独没有人告诉你，任何成功都是新颖独特的价值创造，任何人都不可能具体地规定如何成功。成功人士之所以总能在意想不到的地方发现价值，是因为他们遵循的是基本原则，而不是什么大师理论或成功秘籍。

就拿炒股来说，在资本市场里，只有两种人赚钱，一种是绝顶聪明的人，连一道缝隙的赢利空间都能抓得住，比如巴菲特，比如可以玩死庄家的李彪，比如泽熙投资的私募大佬徐翔；而我的一个朋友在5年前买的股票，竟然已经翻了三番，他靠的是对无数信息的搜集整理。

通过一些片段信息，你很容易就能总结出一些价值投资的规律和策略来。你不知道，你获得的信息不够完整会直接导致你选择错误。如果选择了长期持股，买了48元的中国石油，天知道哪天你解得了套。一个很有意思的事是：没几个做IT的敢夸海口说自己有比尔·盖茨的能耐，但大部分搞投资的人都认为自己能"学会"巴菲特的那一套。其实，学比尔·盖茨和学巴菲特的难度基本一样大，正如学习徐翔或李彪的难度一样。

世界上很多超高难度的事，说起来都很简单。要知道，懂得和做到终究是两回事。比如，你接不住乒乓球，不是因为你不懂得如何去接，而是你没有足够的眼力和速度正好在乒乓球飞过之时接到；你计算不出的算式，不是因为你不会计算，而是因为其他种种原因，你无法在规定的时间里，完成更复杂、更细致和更密集的运算和配合。

段永平能购买网易，陈天桥会投资《热血传奇》，靠的不是大家都知道的投资策略——这套所谓的策略说出来真的是太简单了，除了价值开发，就是人性弱点投资，是的，都是陈词滥调。同样的道理，巴菲特买可口可乐、买中石油、买比亚迪股票，等等，也没有什么新鲜的投资理论，其实，那些成功人士投资的是什么并不重要，重要的是，同样的理论指导之下，他们的选择更容易成功，就像同样的技术指导之下，C罗更容易进球一样。

所以，无论你看多少遍《巴菲特传》和《致股东的信》，你都学不成巴菲特。就好比球王告诉你，其实进球很简单，你只需要跑位、带球突破、射门，然后球就进了。他用自己成为球王的这一事实告诉你，他就是这么做成功的。但是，就算你背会了全部诀窍，你还是你。

一个人要学习的，远远不是方法本身，而是使用方法的能力。正如炒股一样，唯一的赢利策略不过是高抛低吸，所有人都知道这一理论，但是，如果没有更多的信息知情权，所谓的高手会死掉一大半。

像没有人可以真正对另一个人的伤痛感同身受一样，你万箭穿心、痛不欲生，也仅仅是你一个人的事，别人也许会同情，也许会嗟叹，但永远不会清楚你的伤口究竟溃烂到何种境地。同样，你不曾走过别人的路，没有别人的历练和阅历，即使你复制得了方法，也复制不了对技术的熟练掌握和对尺度的精准拿捏——而这才是通往梦想道路上的核心竞争力。

所有的高明都产生且只产生于纯熟的控制感，那些并不难却做不到或做不好的事，考验的恰恰不是我们是否知道方法，而是我们的控制感。所以，没有谁可以复制谁的成功——别难过，我说的是实话，但你至少可以复制“天道酬勤”。

进行确定性的训练，做看得见的努力，只要你肯以自己的方式坚持下去，世界终会回报你的努力。

别认为成功学是没有用的，毕竟，在你的心灵能量枯竭时，在多如牛毛的成功秘籍里，没准儿还有那么几句话能让你起死回生。我听说，罗振宇买了一千多斤励志书，为的就是锻炼自己的意志力。所以，从这个角度出发，我们都需要反复地听听“逃避一阵子，就会苦一辈子”这样的话。

你不努力，就别抱怨一无所有

很多时候，往往就是因为你要的太多，愿意付出的努力太少，别人索性什么都不给你，结果你当然一无所有。

有一个定律叫“值得定律”，它告诉我们，只要你的付出足够让人肯定你的价值，就一定能比那些吝于付出的人收获更多。如果你的所得满足不了你想要的，只能表明你付出的不够多。

某个周末，一个朋友打来电话问候，得知我在赶稿子后就指责我：“太辛苦了，公司给过你加班费吗？谁也别想在该休息的时候打扰我，我也从来不会在周末让员工工作。”我回答：“所以你当不了老板，也没找到称心的工作。”

生活中有很多人，把能促进自己成长的任何付出，都当成吃亏。无论做什么事，都要先看见报酬，才愿意付出一点儿与报酬不匹配的努力，一辈子也就输在了不肯“吃亏”上。

一个自行车店的小学徒，每次在为车主修好车后，都要把车子擦拭一新。每到这时，其他学徒都笑他多此一举：“前来修车的人只付给了你修车钱，你擦车子又没有报酬，何苦呢？”小学徒并不理会，继续坚持为各个车主提供优质的服务。终于有一天，他被一家公司挖走了，这家公司的老板就是小学徒服务过的一位车主。

是的，想得到好运气其实很简单，你只需要付出足够多的努力。

有个在钢铁集团任职的速记员，每天都会比别人早到一两个小时，为是的看公司是否有急件需要处理。有一天，总裁也早早来到公司，碰到了这个有责任心的速记员。当天下午，总裁身边多了一位私人助理——那位速记员。速记员吸引总裁的地方，并非他的速记能力，而是他愿意多做一点点的进取心。

不要因为害怕吃亏，而失去了证明自己的机会。著名投资专家约翰·坦普尔顿有一条很重要的原理叫“多一盎司定律”。盎司是英美重量单位，一盎司相当于1/16磅，一盎司只是微不足道的重量。而约翰·坦普尔顿旨在通过“多一盎司定律”来告诉大家，只要比普通人多付出一丁点儿就会获得超常的成果。并且他经过研究发现，取得普通成就的人与取得突出成就的人做的工作差不了多少——仅仅“一盎司”之别，取得的成就却有天壤之别。

每一个领域中，都可以用“多一盎司定律”来区别赢家和平凡人。

很多人在工作中完成的往往只是工作流程而非工作目标。让联系客户，他便只打个电话或者发个微信——似乎确实联系了，但是他却没意识到，当领导要求下属联系某个人或某类人时，真正的目的是“竭尽全力与某人取得联系，以完成下一步工作计划”，你打打电话、发发微信然后说联系不上算怎么回事？

很多人一辈子之所以一事无成，缺少的往往是“多一盎司”所需要的那一点点责任、决心、敬业的态度和自动自发的精神，也因此缺少了对工作要旨的真正理解：公司要的是完成任务，而不是潦草地对付一两个流程环节。

我们要以结果为导向，才能彻底理解任务的要求，然后多用点儿心，多搜集一些数据，多想一个创意，多想一种方案和可能性，这时候，你已经比别人多出了一个机会——踏实工作、认真做事的人往往更能发现工作中的机会，同时获得的还有工作能力的提升。

每天多做一点点并不是可望而不可即的，只要我们评估好自己的目标和任务，多想一下结果，做得比别人更多一点儿，你就会比那些敷衍了事的人离成功更近一点儿。

很多时候，那些走好运的人总是比走霉运的人做得更多。于外界来说，勤奋者用自己的行为证明，遇上问题时，他们愿意承担更多。而于勤奋者本身来说，每天向前进一步，一年下来，就比那些不肯多努力的人朝着目标多迈进了365步。

每天多做一点点，最需要的是坚持。不能因为情绪的起伏或别的原因而中途放弃，每天都要给自己一个确定的任务，雷打不动地完成。一点点并不引人注目的进步，终将托起你的理想。

每一次的挫败，都是一次新机遇

一个人若能始终鲜活，那是因为，实现一个梦想之后，他会给自己续上另一个梦想。

据说股市有八大潜规则：

一、看好不买一直涨，追涨买后变熊样。

二、气愤不过卖掉，卖后立即涨。

三、二选一必然选错，买的下跌，没买的大涨。

四、选错后改正错误，换股又换错。

五、下决心不搞短线，长期持股，长期再也不涨。

六、抛了长线，第二天涨停。

七、又去搞短线，立即被套。

八、给别人推荐的涨，自己手里的跌。

把这八大规则换个说法，就是：感觉自己很想去做某件事，看很多人都做成功了，于是自己也去做，结果发现，竞争者太多，要想做出成就来实在不容易，一气之下不做了。放弃之后，突然发现，还在坚持的人“把你放弃的地盘收入了自己囊中”。

有个人既想开餐馆又想开美容院，最后开了美容院，结果赔了，而当初想接手的餐馆却生意火爆。

于是，停掉美容院，跑去干直销，发财的春秋大梦还没有正式开始做，就被告知上当了。

然后，学到一句鸡汤，“所有的成功都来自于坚持”，于是下定决心，好好地开美容院。

接着，死活没有生意，坚持了很多年，赔钱花时间不说，还累心，大爷我不干了，转让之后，被别人经营得风生水起。

接下来又去学管理，以为跟了什么名师之后，就能年薪百万，结果，倒贴了好几万块钱学费。

……

有的人，好像无论做什么，都是做错。其实，创业或就业和炒股差不多。倘若没有良好的操作方法，没有明确的投资理念，那么，是赚是赔几乎全靠运气了。但你要知道，资本市场里，唯一不可靠的就是运气。

这是不是像很多人一样，刚刚出校门时，心浮躁得按不下去。进公司觉得工资不高，到国企怕发展不好，一路跳槽奔波，只落得个“竹篮打水一场空”。而那些坚持一份工作干到底的同龄人，在公司的做了高管，创业的已经事业有成。

频繁地换股，是因为没有自己的操作策略，看不透股票的投资目标；频繁地转行或跳槽，则是因为人生没有目标，不懂得坚持。一点点薪资、幻想中的体面和虚幻的前景就能令我们两眼放光——然而，多挣三五百，不过是多收了三五斗——这样的换股，得不偿失。

没有梦想的人生没有着力点，我们不会知道自己身在何处，该向哪儿出发。所以，人生不能不需要梦想。我们需要梦想不是因为需要某个梦想本身，而是某个梦想产生的行动能力。因为我们只能在实现一个个行动目标中慢慢锻炼自己、提升自己、发现自己，最终完成自己的成长。只有梦想，才能在我们身处低谷的时候，告诉我们人生的航向。

人生中，不要错过每一个低谷，因为那儿有梦想在闪光。

没有梦想的人靠运气活着，而那经常会让人跌得头破血流。有梦想的人，则靠一个个越来越正确的选择活着。对于他们来说，成功也没有那么难，只要坚持下去，便会在不知不觉中成功。

话说，有一位在剑桥大学主修心理学的学生，常到学校的咖啡厅或茶座喝下午茶。在那儿，常常能听见一些成功人士聊天。这些成功人士里，有诺贝尔奖获得者，有某些领域的学术权威，也有一些创造了经济神话的人。他们幽默风趣、举重若轻，提及自己的成功，并不壮怀激烈，仿佛都是非常自然的平常事。所有令人瞩目的成就，似乎都顺理成章。

时间一长，这位学生发现，在国内时，自己被一些成功人士欺骗了。他认为有一部分人，普遍地夸大了自己创业的艰辛。于是他写了一篇论文叫《成功并不像你想象的那么难》，提交给现代经济心理学的创始人威尔布雷登教授。论文从一个新的角度告诉人们，成功与“劳其筋骨，饿其体肤”“三更灯火五更鸡”“头悬梁，锥刺股”没有必然的联系。只要你对某一事业感兴趣，长久地坚持下去就会成功，因为上帝赋予你的时间和智慧够你圆满做完一件事情。

他说的是对的。宽度不够的，便用长度来弥补。强度不够的，便用时长来平衡。所谓的坚持其实就是积累。只要你不断地积累下去，再小的基础量，也终会滚成大雪球。

所以，你要相信，时间一定会留下真正重要的东西，把生命中的碎屑带走。在初始的积累期，你不免会有面对不断努力却不断地失去的无力感，但，当你再也没有什么可以失去的时候，就是你开始得到的时候。

造物主对世事的安排，都是水到渠成的。

所以，不要忘记给人生一个梦想，每一天的分时图都有波动，每一条实现梦想的路都会有曲折和艰难，不要因为一次挫败，就忘记了你原来想要到达的远方；如果感到困惑痛苦，请回想一下你当初为什么要出发。

年轻时，不要耍小聪明

在社会中行走，我们总是想把自己最精明、最光鲜的一面示人。可是，要提醒自己，别把小聪明当聪明。

我必须承认，岳峰给我的最初印象非常好。当时，我在一家杂志社工作，岳峰是众多应聘者中最为出类拔萃的，他随身带来了一叠厚厚的稿纸，是他自己先前创作的作品集。他带着几分自豪告诉我：已经有一家出版社准备把他的稿子修改后出版。

面试结束的时候，他追问我是否可以录用，而后我又接到几次岳峰发来的短信和邮件，询问应聘的结果。看来他确实很重视这个工作机会。于是，两周后，他坐进了公司的办公室。岳峰过人的小聪明很快表漏无疑。

身为编辑，平时工作时间QQ在线，这是很正常的事情。但是岳峰算是让我开了眼——他上班的时候同时开着3个QQ。一个工作用，一个朋友用，一个闲聊用。岳峰似乎有充足的时间，每次我从他身边走过，都能看见他以极快的速度向QQ消息窗口里面输入文字。

有一天上班的时候，他忽然大声叫起来："哈哈，真的是！"然后他激动地向办公室里的人大声叙述他在网上怎么听说某明星的QQ号，然后如何添加这个号码，查证这个信息……真是聪明绝顶！一个同事跟着说笑了两句后，留下他一人坐在那里疯狂敲击键盘，自言自语，兴奋不已。

同事提醒他，应该排除干扰，专心自己的本职工作，而如今他不仅没有做到，还严重影响到了别人的工作。第二天，我惊奇地发现他安静多了，QQ也只开了一个，似乎整天在那里专心找选题。没过几天，我就发现他启动了"预警系统"。每次听见我的椅子一响，他便一敲键盘，各种窗口就全部缩小了。真是精明，知道用"老板键"，可是他却不知道——他什么时候在干什么，我其实大都知道。

我也有很多次是站在他背后喝咖啡，跟其他同事寒暄时"无意中"看见一些东西的。岳峰都没有发觉？是的，没有发觉。因为绝大多数人不务正业的时候，都是精力很集中的。就像我们小时候上课时偷着看闲书，也不知道老师就站在身后。就这么简单。于是，我开始考虑招新人把他换掉。

职场人一定要有自觉，不要以为没有人监督你，你就可以不做，你不是小孩和犯人。其实大多数人都不希望自己被人看着，因为看着人是对人不信任的表现。

大家可以观察一下，领导办公室位置是不是可以对工作间“一览无余”？就算不是，也没有关系。领导都是过来人，你现在用的这些小把戏，也许就是他发明的。不要以为你做什么，别人都不知道。

岳峰和很多“聪明人”一样，不是很乐意承认自己的错误。当我指出他负责的稿件中的一些小纰漏时，他说：“你没有告诉我，我又不知道……”我禁不住要笑：是不是要我重新给你上语文课？后来的事情证明了我的猜测。问题的关键不在于是否有人告诉他，而是他自认为聪明，他认定自己就是对的。

当我再次指出他的这个错误时，他的小聪明立即又体现出来：“前几天我问过我一个朋友，他说现在已经通用了。”我没有立即回答他。他又补充道：“我这位朋友是北大的研究生。”我想了三秒钟，说：“那我们以市场为标准，让客户来评判我们的产品质量。从这一期开始搞读者挑错活动。如果有一个读者认为这是个错误，那我们以后就必须严格改正。”他愣了一下，片刻，他“哦”了一声，算是同意。

但是岳峰还没有等到读者挑错活动的结果，老板就找他单独谈了一次话。“他没告诉我，我又不知道……”这熟悉的句子我在楼道里都听得一清二楚。过了一会儿，他满脸得意地回到办公室。我却收到了老板发来的消息：“尽快削减他负责的工作，开始招聘新编辑。”

当我向岳峰索取作者名单、相关资料时，他也意识到了什么，问我：“有什么问题吗？”我只是简短地回答了一句：“噢，没有，按上级指示进行资料备份。”事实也确实如此。

一小时后，资料备份完毕，老板找他谈话。不多时，他下楼来收拾东西，办完手续，最后我送他到公司门口。他回过头来似乎想要说什么。我没等他说话，就转身走进了公司。我只是确保他直接走出了公司大门。再要进来，前台小姐自然会询问他。

其实，我不得不承认岳峰确实很精明。一切都是因为他太精明了。精明得不知道我稍微检查一下就能看出他“写”的稿子是抄袭来的；精明得忘记了他违规工作，没有交给我审核就送去排版的稿子，按照流程最后还要交给我终审；精明得不知道制作部主任会在每周的碰头会上，向我反映他送去排版的稿件严重违规……

岳峰就这样走了。对于他来说，这天既出乎意料，又在情理之中。因为他随身带了移动硬盘，把自己在公司的资料都拷贝了。再早些时候，他还请过几天假，大概是出去应聘了。没错，他已经不打算在这家公司干了，早就开始寻找其他的工作机会了。这是他的精明之处，但他又精明过头了，决定找新工作之后，就开始敷衍应付眼前的工作。可惜他没有想到，他做的这些事我和公司领导都注意到了，更没想到公司会先解雇他。

岳峰的故事告诉我们：做人如果爱耍小聪明，算计得太多，反而会让自己变得很复杂，让别人难以信任，更难取得别人的认可。谁会愿意跟一个看起来很复杂的人交往和共事呢？

为人不可拿小聪明当聪明，最好实在一些。心机用得过多，便容易不得要领，或自坏其事，或自相矛盾。精明是件好事，而卖弄精明不但会惹人厌，还会毁了自己。

第二章

你的人生才刚开始，凭什么说自己不行

别在二十几岁，就过完了你的一生

二十几岁的你，要拼尽全力

所谓梦想，就是不惜一切代价也要完成的那件事，不然就只是梦。也许完成梦想的那种幸福，可以医治过程中的一切痛苦、寂寞和离乱。

大学毕业后，他放弃了父母安排的稳定工作，独闯北京，在一家公司混了个小职务。由于公司管理欠佳，所以，即使他能力平平，倒也能安稳地混日子。工作很轻闲，公司女生又多，他很快就交了一个女朋友，沉醉在二人世界的卿卿我我里。偶尔呼朋唤友，打扑克搓麻将，日子过的快乐似神仙。

但几年后，公司大面积裁员，一直没有突出业绩却靠资历混了个产品经理的他，没能幸免。他失业了，重新加入求职大军。

他虽然工作了数年，能力和经验的成长却少得可怜，也拿不出像样的作品或业绩证明来，既不能开辟客户资源，也因知识储备不足而管理不好流程，于是，只能在各个公司间兜兜转转，始终稳定不下来。后来，索性闲居在家写东西，希望可以写出一鸣惊人的作品来，从此“翻身农奴把歌唱”。奈何他欠缺创作天赋，稿子总是有去无回。一来二去，他连写作的兴致也没有了，终日窝在家里，不是喝酒，就是打游戏，一切生活开支，都由女友负担。

当数落和抱怨成为两个人的主要交流内容时，爱情便再也没有了容身之地。

一个女人，怕的不是受苦，而是无望。当他的不长进使女友彻底失去了希望时，她开始打点行装。

他没有挽留。

这个可怜又可悲的男人，对即将离开的女友，说的最后一句话是：“能借点儿钱给我吗？”

女友没有看他一眼，扔下三千块钱，头也不回地走了。离开了这个没有爱情，缺少温暖，更没希望的地方。

他不是没有一点儿内疚和遗憾，但他觉得自己也很冤，作为一个举目无亲的北漂，很多事情，他无能为力。

他几乎不相信感情了，那个他视作生命的女子，竟然在他最落拓的时候弃他而去。睹物思人，出租小屋里，处处是她的气息。每一次路过两人共同去过的地方，都会有锥心般的痛。

回趟老家吧，或者，干脆回老家吧！

在家乡和昔日旧友相聚，有人已为官一方，有人创业有成，也有人混成了名企高管，每一个人，都在欢欣地向上走，唯有自己，一直在人生的谷底摆渡。命运究竟差在了哪一环？没有人告诉他。

幸运的是，父母求亲托友，重新为他联系到了一份工作。

倘若他至此满足的话，至少可以拥有一份平淡的安稳。但让他始料未及的是，他早已经习惯了自由和包容。他无法忍受生活的乏味和工作的压抑，于是，他和绝大部分返乡的“北漂”一样，再次回到北京，重新当起了“北漂”。

他没有重回原来的行业。因为一个同事和他说，既然你已经多次验证这个行业不适合目前的你，就千万不要走老路。至少在其他行业换上几次工作，再决定要不要干回老本行，否则，你只会不断重复过往的经历，而且是个恶性循环。

很少听从别人意见的他，这一次竟然听进去了。几经辗转，他成了一名医疗器械销售代表，工作内容是销售麻醉机等重要医疗设备。原来的工作经历，倒是带给了他一点儿察言观色的能力，因为他表达能力欠佳，最初时难免遭遇排斥和拒绝，但他锲而不舍的精神，还是打动了一个采购员，他做成了第一笔生意。通过这个采购员的介绍，他的客户慢慢多了起来，没过几年，他竟然成了一个地区的代理商。

当有人问及这个口齿不甚灵便的人有什么成功秘诀时，他笑笑说：“我这个人啊，就是散漫，从事不了需要长时间专注的工作。跑销售这种东一榔头西一棒子的工作比较适合我。我可以连续两个月每天都去拜访一个人，但我做不到每天坐在办公室里不动，从事需要脑力或创意的工作。”

他说：“梦想，就是做好自己做得好的事，所有的失意，都是为了让你修正自己。这个世界上，所有人都能找到适合自己的工作。每个人，都会有自己愿意坚持的事。做销售不需要舌灿莲花，只需要你肯坚持。有时候，撬动一个点就撬开了一扇门，做销售也一样，只要打动一个人就够了——任何一个人。”

而当有人问及他是否还怨恨女友的离去时，他说：“对此只有深深的内疚和感恩。”在他人生最低落的时候，她陪了他那么久，那是她年华里的最好时光。他遗憾的是，在自己最卑微的时候，遇上了最想照顾却无能为力的人。如今，他走出了低谷，她亦嫁做人妇，回想起那段共同的经历，争吵、责骂和抱怨，都成了可爱的单纯和天真。

如果当时再成熟一些就好了！

很多人年少轻狂时，不免举措荒唐。然而，你可以输在起点，却不可以输在终点。

每个人都会遭遇自己的低谷期，都得独自挺过那时所有的不解和彷徨。在孤独这件事上，没有人是孤独的。因为非人所愿，恰是生活的当然。或许，留一点点错过的遗憾，才能在前行时更加果敢，恰似股票行情启动之前的下探一般。

专注于自己喜欢的事

人生与专业之间，是一场免不了的虐恋。只有够专业，才能成为专家，只有专家，才能成为赢家。

几年前，我让一个爱好写作的朋友加了带我的老师的QQ号。这位老师个性素来亲和，平素指导作者极有耐心，不道那次却莫名其妙地发了火：“我是看在你的面子上，才和她聊几句的，先让她弄明白词语的意思再和我聊吧！”

我很奇怪地问朋友是怎么得罪了这位老师，朋友非常惊讶，觉得自己礼貌又谦虚，并且不吝赞美之辞，没感觉自己哪儿得罪老师了啊！我也奇怪，这个朋友虽然文字功夫不一定有多好，但态度不错，不是一个开口就会得罪人的人，怎么就把老师给得罪了呢？

见我一脸不解的样子，这位老师道："你知道她上来怎么说吗？她一开始就说你对我如何极尽溢美之词……"我说："老师你是真的很有思想很有才华，我才那样赞美你的，如果你觉得我说过头了，或你对我有成见，你可以告诉我。"

他听到后面一句笑了："我对你没有成见，只有偏见，因为我只能偏着头看你。"因为他坐在我左边，所以开了这么个玩笑。谈话气氛轻松了不少后，他告诉我说："这是个连基本常识都没有的人，她其实是想赞美我，但却用'溢美'一词。溢美是什么意思？是过分赞美的意思，那这意思是说你对我的肯定在她看来未必如实喽！那么，她通过怀疑你间接怀疑我的能力了。写作的基本天赋就是用词准确，但她没有。我对一上来就满篇错字和用词不当的文字，如闻恶臭，如见苍蝇！"

我辩解道："初学写作的人可能没有这方面意识，偶尔用错一两个词应该也是正常的吧？"他立马反驳道："错了！什么叫天赋？天赋就是同样无知的情况下，你会准确地使用'赞美'这个词，虽然你可能也不知道'赞美'究竟都有什么意思。即使是聊天，也不要出现脏话、错字和病句，这是一个编辑最基本的素养。"

那时我并不相信他的话，总觉得，文字技巧是可以通过训练达到规范的，文字感觉是可以通过生活的积累去寻找的，文字章法也是可以因勤加练习而百炼成钢的。但是，现在我相信了，如果一个人既没有对文字的敏感，或天生地就没有独特的写作角度，又没有对遣词造句进行钻研的精神，一味强迫别人认可自己，拒绝发现自己的缺点的话，那确实算是没有天赋的。

当然，我的这位老师也算一个有思想的人，他的文字在规范性和深刻性方面已经达到了相当的高度，奈何，文字感却总是不尽如人意。他和著名作家胡兰成的写作风格恰好相反。一个是能把寻常小事描写得惊天动地的人，一个则是能把惊天动地的事写得极其寻常的人。在某种程度上来看，天赋，是不可能训练的。能因训练而提高的能力，都是因为天赋本身就在。不过是美玉蒙尘，略加擦拭，便见真容罢了。

要想在写作路上狂奔下去的人，对常规必用词语的定义，务必要花心思去了解清楚。本文不打算讨论写作问题，你只需要明白，无论体裁是什么，文采的唯一含义就是：文句逻辑、章法逻辑和情感逻辑的完美结合。任何阅读的不适，都是逻辑断裂导致的。有的断裂不容易被发现，比如阅读感中断等。你本来在说一个相对严肃的事，却突然出现小学生式的幼稚感叹，或“像蜜糖一样”这般的低级比喻，这就是一种语感中断。

从事任何行业都需要天赋，这种天赋可能不一定意味着你还没入门就懂得高级招式，但一定少不了你对相关知识的研究兴趣。如果你对一种行业知识的爱好仅限于你想如何，但没有对相关知识的研究精神，你玩票的可能性要多一些。

其实我想说的是，专业精神很重要。

爱好和专业精神间的距离，就是玩票与成就的距离。人生与专业之间，是一场免不了的“虐恋”。

你的价值由你决定

一只你觉得值的股票，你才会买。而“值”意味着：得到的比你投入的多。换一句话说，你赚得越多，你越觉得值。

人与人之间，必须相互依赖才能更好地生活下去，于是才有了交换和合作。任何交换，只有在双方都感觉很值时，才可能达成，任何投资，只有在预期能赢利时，才可能发生，就像投资股票一样。

数月以前，朋友让我推荐股票。那时市场还不甚景气，以我有限的认知看来，数据概念和医疗概念是未来经济比较可靠的支点，而某些创业板的股票在价值洼地，没准儿值得投资。于是我推荐了一只一直拖整个医疗板块后腿的小盘股。由于操盘技术不够专业，又不能守着大盘看，所以，我倾向于波段操作，也可以称之为做中线。虽然我一再叮嘱他要坚持半个月，但他还是做飞了这只牛股。

自他十块多入手后，就进入漫长的调整期。一周后，涨到了十一块，朋友迅速便退了。他觉得，把时间浪费在这种半死不活的股票上，实在不值。他很快就验证了股市八大潜规则之一：一卖就涨。这只股票在他卖出的第二天便开始了自己的涨停之路，连续拉了五个涨停板，创下历史新高。

他肠子都悔青了。在他大叹自己刚入手的股票又被套上时，另一个人因为赚了近一倍的钱而大呼股票买得值。

所谓的值，不过是一个人感觉大赚了一把的同义词。倘若花了十块钱，你期待获得一百块的回报，但只得到了十块钱的回报，你会觉得值吗？不会。只有收益足够大时,我们才会觉得值。所以，我们常常听到这样的慨叹：这套房子买得真值，当初才二十几万，现在涨到两百多万了；当初这股买入得真值，本以为拿点儿闲钱投资，只要比存银行收益高就好，现在每年的分红都超过本金了；当初这件青铜器买得真值，当初当成破烂收回来的东西，现在竟然价值连城……

员工与老板、买房与卖方等，任何人之间的任何合作与交换，都建立在感觉值的基础上。不同的是，有的人关注当下的值，有的人看重未来的值。

也就是说，人与人之间相互赚取一些利益差价，是再合理不过的事。但是，有很多非常想不开的人，在自己都还没有创造出什么价值时，就迫不及待地想获得回报。

他们不懂得只有在春天播种，才能在秋天有所收获。

很多作者,在一个字都没有交给出版方之前,就没完没了地问:稿费是多少?按什么标准结算?如果违约怎么办?很多人在还没有投入工作时，便咄咄逼人地问有没有各种福利，能不能保障提成或分红是否能认真执行。当然，我也常常听到抱怨：谁的工资又被扣了哪一项，谁的提成没发全，等等。

其实，我一向有一个不太自信的看法，任何历史时期，大多数老板对员工的所谓剩余价值的赚取，其实并不多。哪怕是二次工业革命时期，老板赚钱靠的多是规模效应，而不是单一的个人价值。所以，我真心想对一些自认为被公司或领导亏待了的人说一句：您真是太自作多情了。

根据五倍成本论，公司需要创造五倍于工资的价值，才能摊平人力成本，才有可能把工资发下去。

何况，人人都想值，你不赚到十倍的工资价值，老板恐怕也不会觉得雇佣你是值得的。

诚然，关心收益是生物的天性之一，但带着唯恐别人赚了自己什么或会坑自己的思想，容纳不得他人从你身上赚取一丁点儿的价值，无疑是一种短视。虽然短视作为一种自保本能，也有其价值。但如果滥用这一点儿,那么,我们很难与人进行正常的交往。会终日斤斤计较于短期利益，忽视了合理的长远考量。

我们知道，时间因素可以导致任何变故，时间拖得越长，风险的不可控性就越强。越是确定性高、变数少的收益，越是我们的首选。所以，我们会短视地选择更可靠的投资，而不是选择更多更好但更有风险性的投资。这在一定程度上其实是很好的策略，可以避免我们被遥远的幻象欺骗。

凡事不是要我们先赚了，才值得去做，而是我们去做了，才会值得赚到。

所谓的"吃亏是福"，是说当你证明自己有良好品质，或有良好能力的时候，就会得到相应的回报。而证明的过程，恰恰是我们不愿意吃的"亏"。很多事情，只是因为我们没有拆掉思维里的墙，才变得那么险恶和艰难的。是的，我们努力证明，也不一定有结果，但是，我们不去证明，一定不会有结果。

不要容忍不了单位、公司或顾客赚取你点儿价值，大家都是出来赚的。不要容忍不了别人赚你点儿什么，不要带着一颗防备全世界的心去生活。

有人问我，如果全世界都与自己作对怎么办？

我想说，总有一些觉得处处受迫害又极度自恋的人，感觉全世界都不友善，整个世界都在与自己为敌，事实上呢？屋檐上掉下来的一块瓦片就能将他们击倒，用得着动用整个世界吗！

全世界都想和他们达成和解，他们视而不见罢了。

只有行动，才能换来一次石破天惊

这个世界上，有的人在拼出身，有的人在拼命。我相信，天生好命固然可喜，但那些出身不佳、愿意用拼命成全自己梦想的人，恰是未来的脊梁。

一旦没有了前进的动力，人的生理机能就会衰竭。最明显的例子就是，很多动物在完成了繁衍后代的使命后便会死去。

而一个人一旦觉得自己没事做了，基本也“行将就木”了。据说，作家贾平凹创造了一个独特的延续生命的办法。每年大年初一，贾平凹一定会把人生的计划列出来。计划列了多长呢？他列了150年，并且每年修订一次。因为对人生之路充满着梦想，所以永远有希望，永远有激情，永远想着下一个目标。一个人的人生，便如此被梦想激活了。

但是，有一个社会现象却能最大化地绞杀梦想：拼靠山。

拼靠山是任何地方都会有的现象，对于一般人来说，仿佛只要找到了一个好的靠山就万事大吉了。其实，如果一种需求或愿望建立在外界之上，那么，外在条件的任何变动，都会刺激我们的神经。倘若我们把全部福祉都系于靠山，靠山的任何动摇，都有可能击溃我们的全部精神世界。

这个世界，从来没有谁可以完全符合别人的期望，也从来没人有会甘于如此。寄托于他人的期待最容易破灭。

一个个韶华似锦的年轻人，因为没有靠山而对前程灰心失望，因为有了靠山而耽于纵欲，这是对时光莫大的辜负！

很多时候，一无所有，并不是我们灰心丧气的理由；拥有什么，也不是我们安于现状的借口。无论是靠山，还是丰富的物质资源。

还记得这样的段子吧："等咱有了钱，想蘸白糖就蘸白糖，想蘸红糖就蘸红糖；喝豆浆吃油条，豆浆买两碗，喝一碗倒一碗；等咱有了钱，喝老酒抽香烟，想喝红酒就喝红酒，想喝芝华士就喝芝华士。一点就是两瓶，喝一瓶，摔一瓶……"看似对有钱人"摆阔"心理的形象形容，实则讽刺了因为见识有限而导致的思维局限。

一个长工说："等我有钱了，一定天天都吃红烧肉。"《白鹿原》里的黑娃跳起来说："我将来攒下钱，先买一口袋冰糖。"曾经还有人说某个有钱的人家过得真是太幸福了，床边都摆着糖果，半夜醒来时还能吃上一颗。

如此心愿，于我们来说，不仅幼稚，而且可笑。见识贫乏对人的成功是一个多么大的障碍！

北野武讲过的一个故事，恰是上述段子的真人升级版。他说，在自己没出名之前，曾经想过，如果有一天有钱了，一定要开跑车，吃高档餐厅。当他真正功成名就时，却发现开保时捷的感觉并没有那么好，因为“看不到自己开保时捷的样子”。因此，他就让朋友开车，自己打了个出租车在后面跟着，还对出租司机说：“看，那是我的车。”

很多欲望，无法满足时是遗憾，满足后，却又是失落。

由于安全感的缺失导致了很多的非理性情绪，所以我们才不断追求自己并不真正需要的东西。标签当然有价值，但标签从来都不应该是目标。无论是“有房有车”还是“成功人士”，这些标签不过是前进的人必然会创造的副产品，只把光环当目标的人往往很难有任何光环。我们需要的不是外界的什么靠山，或满足虚荣的某种标签。

没有靠山可拼，就拼理想与奋斗。

即使你出身一般，也不是名校毕业生，只要你努力，同样能成功。

不要把自己的未来拱手让人。你要相信，只要还健康地活着，便没有绝望这回事——比绝望更可怕的是没有努力的决心。

我们身边从不缺少这样的例子，他们条件相似，都没有富爸爸、没有高学历，也没有特异功能，毕业于同一所不太有名的院校，同在一家或大或小的公司当过人肉背景。但，仅仅三五年后，已有云泥之别。有的人身居要职或日进斗金，而有的人却潦倒落魄、入不敷出，看不见明天。

他们最根本的区别在于：

◎是否知道自己要什么；

◎是否知道自己的梦想是什么；

◎怎么做才能无限接近自己的梦想。

成功没有那么复杂，那些完成草根逆袭的人，不过是因为：

一是有强烈的梦想或理想。有句话说得好，如果你知道自己要去哪儿，全世界都会为你让路。

二是学习，学习再学习。天天学，时时学，不是学霸也要学成学霸，懂的多了，脚下的路也就宽了。

三是和优秀的人在一起。优秀的人知道如何成就自我，学习了他们的思维方法，他们的经验和教训，就朝成功路上又迈出了一步。

四是敢闯敢疯敢试错不要因为害怕犯错而不敢出发，不要因为陌生而拒绝认识，不要因为害怕拒绝而从不尝试。没有人一开始就知道什么是真正适合自己的，正如一个从小立志当老师的人，最后却成了外交官一样。

五是不要，这些统统不要不要一有时间就睡觉；不要生气、愤怒、后悔；不要羡慕嫉妒恨；不要指望任何人，不做情绪困兽，不做懒虫、瞌睡虫，不做攀附木棉的藤蔓，你所有的时间只应该用来做能改变命运的事情。

六是要么夹缝求生存，要么石破天惊。这个世界从不缺少弱者，但穷的、苦的、痛的只是你本人。要么认穷，穷死；要么动一动，脱贫；再要么拼了，用十二万分的努力换来一次石破天惊。

抱怨世界，不如改变自己

别把时间浪费在倾诉上，失败者要面对的情况复杂得多，所以你还是努力成为成功者吧。

失败者的思维模式是：

遇上问题了→我很难过→要别人知道我的感觉→倾诉

然后出现两种情况：

一是有人知道我的感觉后，会帮我解决问题→知道你的感觉了，但没有义务或没有办法帮你解决问题。

二是找不到可以倾诉的对象→没有人理解自己的感受→感觉自己很孤独，很无助→开始怨恨这个世界→问题还是没有解决。

成功者的思维模式是：

遇上问题了→马上想到几个策略→执行策略→问题解决了

由此可见，失败者要面对的情况复杂得多。

前阵子，一个姑娘创业失败了，每天晚上都要打电话给我讲述她的不易，比如家人不理解，员工不积极，生活琐事太多，等等。开始的时候，出于同情和佩服——对每个敢于豁出去拼一回的人我都佩服，我基本是在开导她，但重复的次数多了，我就不耐烦了，这么旺盛的精力，用来总结失败经验该有多好。感觉到我的不耐烦后，她恨恨地说："我只不过需要有人明白我的感觉。"听她这么蛮不讲理，我便把她的电话号码拉进了黑名单。你要我如何理解你的感觉？要我帮你解决经济困难？还是要我陪着你一起难受、一起怨恨这个世界？你要在抱怨中沉落、毁灭，是不是也要拉上别人陪葬？

也许有的人终其一生都没有意识到：对于别人来说，你的感受不重要，甚至根本不需要在乎。千万不要给别人添麻烦，在你打扰别人前，请先想清楚，是让别人理解你的感受重要，还是解决问题本身重要——这是典型的没有活到点子上。

很多人表面上热爱交流，实际上是热爱倾诉——其特点是，但凡有点儿小问题就马上找人讲述感觉和情绪，而不是马上思考解决问题的办法。所有的内心感觉都化为一种污染型负能量向身边所有人传播开来，吸引来更有负能量的人。有时我认为，一个遇上问题去睡觉的人，比一个遇到问题就满世界找人倾诉的人要可爱得多，至少，人家是在想办法解决问题，而不是四处抱怨，把属于自己的责任推卸给外界。

无数人羡慕成功人士的成功，就模仿其过程、方法，美其名曰“复制成功”，却没意识到自己根本不具备人家的品质和意志，然后陷入迷茫：为什么我努力了，也受苦了，但就是不成功，甚至一败涂地呢？

目睹一个成功者一天的全部生活后，我恍然大悟：一个人能否成功，完全取决于他解决问题的方法。这位成功人士并不是一个特别擅长聊天的人，尽管他的作品无处不显示出他缜密的逻辑和过人的表达能力，但他几乎不说话。

“我又不是讲师，不需要废话连篇，也不需要什么幽默的语言或什么说话的艺术。有事说事，说怎么办，由谁办，过程中遭遇问题怎么办等，你只需要想好每一个‘怎么办’，然后去做就行——我就不明白了，怎么有那么多人宁愿占用别人的时间去抱怨，都不愿意冷静下来，想想怎么办才能解决问题，而不是打扰别人。”

除了偶尔接电话外，他要么一边与人打球一边谈项目，要么一边与人吃饭一边谈项目：某个创业项目的关键问题是什么，需要谁来负责，如何解决，那个新架构的推广如何进行，策略是不是成熟，要在何时开个什么会议解决什么问题……

说有用的话，做有用的事；不需要攀附任何权威，也不需要对谁吹胡子瞪眼。在四处找人、拉关系的今天，他只关心产品，对公司任何一款产品的全部流程非常熟悉。但据我所知，那个创业失败的姑娘，连自己创业的东西都说不清楚。

这让我想起另一个创办青少年英语培训学校的人，他说，他感觉自己的英文水平比中文还好。听了这话我好生佩服，我这辈子也不可能让英文变得比中文好。但没过多久，他的学校就面临着巨大的招生困难，不知道为什么，广告做得不少，免费课开得不少，就是没有人来。

为了帮他解决问题，我就去听他讲课，心想，一个英文比中文还好的中国人应该很厉害吧。不料在一个多小时的课程里，他讲到的要点只有一些常识：英文就是拼音；要记忆的是发音而不是单词；很多国家的语言都是拼音字母。先不说观点对错，在一个多小时的时长里，翻来覆去就只有这么一丁点儿信息量，全是无意义的强调和重复，弄得听课的人直打哈欠，我就知道，他还谈不上有产品。后来请他帮忙翻译过一句话，我发现译得不靠谱后，就直接将他的号码拉进了黑名单：你连专业知识都没有，凭什么和别的专业人士竞争？

很多人遇见一丁点儿小事就要找人倾诉，然后抱怨自己不是败于不努力而是败于外部条件不足。但你有没有想过，谁的生活和工作不是面临着一个接一个的问题？成功者不同于普通人之处在于，他们把时间花在了解决问题方面，而不是满世界倾诉和抱怨。

当然，见我这么说，倾诉狂们会感觉很冤：你就知道我专业性不强，但你知道不知道我每天要操心一家人的起居，还有孩子上学的问题，孩子一调皮我就如何的揪心，老公不帮我又不理解我，父母思维观念又如何的守旧，我是多么的不容易……

他们不管别人是不是也要面临很多困难和问题，只想把别人拉进自己的感受世界里。如果人家不能进行角色代入，他们便开始怨恨整个世界。

拜托！当妈并不伟大，全世界有快一半的人都已经当着或正要当妈。别人在工作和生活上同样会遭遇纠结和压力，不要总觉得别人因为听你倾诉而完不成工作任务不过是被扣点儿工资，而你要不倾诉一下就无法面对明天。

一个姑娘向我诉苦说她的脸如何因为不对称而难看——其实她是个五官端正的清秀姑娘。我说，根本看不出你的脸有任何不对称啊！而她还是坚持要长发覆面，遮盖“缺陷”。我安慰她说某个姑娘鼻子塌陷、眼睛受伤，一看就很明显，但人家从来没有故意掩盖缺陷，她哀怨地说，可是她皮肤好啊！

是啊是啊，全世界只有你的痛苦是最要紧的，别人就算断手断胳膊，也比不过你今天被蹭破一层皮的痛苦大。所以亚当·斯密在《道德情操论里》说：

假如中国因为地震而使千万居民遇难，一个不痛不痒的欧洲人会意识到人生无常，慨叹人类辛苦创造的全部成果，竟然会在顷刻间灰飞烟灭。如果他还很善于思考，也许还会联想灾祸对欧洲商业和世界经济产生的影响。不过，当所有的悲天悯人和猜测推论都过去后，他会像平常一样，继续从事自己的工作或追求他的快乐，似乎这种不幸之事从未发生过。哪怕最不足挂齿的麻烦，都会让他产生更多的真正的焦虑和紧张不安——如果明天要丢掉一个小指头，他今天就会夜不能寐。但是，即使有亿万同胞遇难，只要他从未曾见过他们，他就会踏踏实实地倒头大睡，亿万人的毁灭和他自己的小灾小难一比，显得多么无足轻重啊！

倾诉狂的典型特点就是只相信自己的感受是真的，由于别人的经历和感受与之毫不相关，所以，他不会理解，也不想去理解，只想把自己的感受、想法和期待强加于别人。

建筑商乔·吉拉德在遭遇多年积累被骗光、巨额债务缠身时，没有想过去找谁诉说自己的不幸，而是找到了解决问题的思路：我需要挣钱→我去干销售→最好是卖车。从来没有干过汽车销售的他要去卖车当然很难，一般车行根本不收他，无奈之下，只好请求一家车行允许他发展那些别的销售员都不喜欢的顾客，这才终于入了车行。几年以后，他成了《吉尼斯世界纪录大全》中认可的世界上最厉害的汽车销售员。

励志大师奥里森·马登在自己十年手稿被付之一炬后，也没有想过去找谁诉苦，而是说："虽然我很痛苦，但是，我要把这些东西重新写一遍，因为有了这一次遭遇，我曾经想过的问题终于可以写得更清楚了。"

你当然可以继续倾诉、抱怨，继续平庸下去，但如果把这些时间用来解决问题和练习成长，你会发现，抱怨这个世界不如改变自己。因为，改变了看世界的角度，改变了你面对问题的方法，你就改变了命运。

你的付出，终会得到回报

绝对的量变决定绝对的质变，没有任何细微的量变是不产生作用的。哪怕今天只进步了一小点儿，也可以藐视昨天那个更差的自己。

在《孟子·梁惠王上》中有这样一段对话：

梁惠王说："我对国家那可真是尽心尽力，河内收成不好，我就把那里的百姓迁移到河东，还把河东的粮食运到河内，河东遭了饥荒，也如此照办。没有哪个国王像我这样用心，但是，为什么别的国家的百姓没有减少，我的百姓也没有增多呢？"

孟子回答说："大王喜欢战争，那就让我用战争做比喻吧！战鼓响起后，兵刃交击，很多人都丢盔弃甲、落荒而逃，有的人跑了一百步停下了，有的人跑了五十步停下了。你觉得只跑了五十步的人可以嘲笑跑了一百步的人吗？”

梁惠王说：“不可以，跑了五十步也是逃跑啊！”

孟子说：“大王既然知道这个道理，那就不要希望自己的百姓比邻国多了。”

五十步笑一百步，从此以后便专门用来讽喻跟别人有同样的缺点或错误，只是程度上轻一些，可是却讥笑别人的人。

等等，五十步真的不可以笑一百步吗？只有一步都没有后退的人才值得赞赏吗？如果五十步不可以笑一百步，那么，虽然不是100分，但从50分前进到90分也就不值得夸赞了？这很容易让人想到《庄子·天下篇》中惠施的“历物十事”之一：“天与地卑，山与泽平”。

如果珠穆朗玛峰削掉一米，还是珠穆朗玛峰吗？如果是，再削掉一米呢……再削掉一米呢……如此削下去直至0海拔甚至负海拔，珠穆朗玛峰成功地与沼泽齐平了。由此当然也可以推论：平地加一米还是平地吗？如果是，请继续增加——增加到和天一样高时，平地还是平地，但已经与天同高了。

这非常像秃头悖论：一个人头上掉一根头发不是秃头，再掉一根时依然不是秃头……如此以往，头发一根根地掉下去，最后变成了秃头。

量变的积累决定了事物的发展变化轨迹，足够的量变必然产生彻底的质变。但很多人恰恰喜欢刻意地忽略量变，认为万物表面看起来不同，其实都一样：

“你不是曾经也偷过钱吗？和谋财害命一样，都是犯罪……”

就像一个满身粪臭的人，对一个沾了一点儿泥巴的人说：你我都脏，其实都一样。好一个“天与地卑，山与泽平！”一味否认量变之间的差异，就是否定事物两极之间那段中间状态的存在。盗杀同罪，必使仅欲盗者犯杀；五十步不能笑一百步，定让五十步者跑至一百步。否认差异，便否认了进步的可能性和必要性，让“最好”成为“更好”的敌人。

50分不是满分，90分同样不是，但是，不能因为90分不是100分而否认从50分进步到90分的努力和意义。不仅逃跑五十步的人可以嘲笑逃了一百步的人，逃跑了九十九步的人也可以嘲笑跑了一百步的人。正是如此，才有“善不积不足以成名，恶不积不足以灭身”之说,所以才说“勿以恶小而为之,勿以善小而不为”。同样道理，人类文明的巨大进步靠的也是点滴的积累。

“善不积不足以成名，恶不积不足以灭身”，出自《周易·系辞下》，意思是：不坚持不懈地做好事，就不能成为一个有声誉的人；如果长期干坏事，很容易会落得一个身败名裂的结果。

大进步值得大肯定，小进步值得小肯定。

绝对的量变引起绝对的质变，没有任何细微的量变是不产生作用的。哪怕今天进步很小，也可以藐视昨天那个更差的自己。只要你相信，所有的努力奋斗，都会在将来以另一种方式成全你的梦想。

直面现实，能让你走得更远

每个优秀的人，都有一段沉默的时光。那一段时光，是付出了很多努力，忍受孤独和寂寞，不抱怨不诉苦，日后说起时，连自己都能被感动的日子。

当互联网等新科技促使全球化不断深化时，当人与人之间的信息不对称越来越弱时，特权可以作威作福的时代也将一去不返。脱胎于旧价值观的思维惯性和教育模式还在，新的价值观也会随着信息大同化而趋于形成，这一观念的形成可能至少还需要五十年。随着时间的流逝，科技的力量有可能会碾碎一切特权，无论自愿不自愿，将来，人与人之间的竞争会彻底成为经验与智慧的竞争。

由于旧的价值体系已经崩溃，而新的价值观体系又还没能建立起来，社会价值观一片混乱。一方面，我们用依附型思维模式进行教育和思考，另一方面，依附思维又面临平等观的挑战——它成了失势者维护权利的工具和得势者急需排除的障碍。

不过，这些难不倒有些人。他们会情随境迁——说好听点儿叫审时度势，使用混合策略。依附思维有利时用依附思维，平等思维有利时用平等思维——在某种程度上，有些人的价值观既不是特权观，也不是平等观，而是纯粹的利己观。

很明显，在一个信仰缺失的时代，有的人最容易产生的价值观只会是利己观。一个公安局副局长的儿子在大学校园内撞死人之后不仅不道歉，还叫嚣“我爸是某某”，这是依附思维和特权观作祟；一个大学生撞人后怕被纠缠而将受害人杀死，那也是纯粹的利己观表现。而对公平正义的追讨，或许不过是弱者的无助呐喊。

也难怪，从传统社会向现代社会的转型，西方用了两百年完成，而我们只用了三十多年。这个转换太快了，以至于很多东西还没跟上。新与旧、东方与西方、进步与落后，各种因素碰撞、融汇，价值观念经历剧烈嬗变，给人们带来了或多或少的困扰和迷茫。年轻一代也没能幸免。

当前的阶层固化，也是很多年轻人不得不面对的现实。

卢梭说：“人是生而平等的。”

但人的生而平等，不是出身，而是人格。

没有两片完全一样的树叶，也不会有完全平等的出身。生于农民家庭、工人家庭，还是有钱人家，出身不同，决定了起点不同。但无论起点如何，我们都可以选择有尊严地活着。

我们的父母对孩子寄予厚望，会把毕生财富留给孩子，或动用自己的权势为孩子铺路，但是，很少有人会把有尊严的生活方式教给孩子。他们自己都没能理解这个大博弈时代的角色转换，当一些人通过不正当手段获利而没有遭受道德谴责，扭曲的价值体系就会冲击我们有限的认知。很多家长自己都不知道究竟要坚守哪种价值体系，又如何教孩子坚持底线和原则？

毕业了，好多未曾想过的问题突然之间就要面对了，比如婚姻，比如工作。汹涌而来的现实让我们变得格外焦虑。每天都在不停地思考，但却依旧对未来没有头绪；从来远离真实，所以迷茫困惑；看不懂这个世界，所以处处碰壁。

在这样一个急剧变化的时代，我们还没有面对困难与挫折的智慧和勇气。本来可以从父母那儿获得的经验与支持，却付之阙如。

在这样的社会环境中，父母和家庭能做的，往往只是抚育我们的肉身成长，而促使我们心智成熟的，是历练与挫折。所以亚当·斯密说："除了天赋，完美的自我克制能力还需要锻炼和实践。"任何一种良好的品质都是在苦难、危险、痛苦和灾难中练成的，尽管任何人都不希望遇到这些"老师"。

没有办法，从一个农业社会迅速转向商业社会，必然要面对的就是社会和家庭教育的缺失。

向上，没有方向，我们踏入社会时，还没能分清想象与事实；向下，找不到支撑，当代社会注定了很多年轻人不可能很容易地拥有现世安稳。但年轻的伟大之处就在于，人们可以在困惑面前不断思考、寻求。所以，当我们还年轻时，当我们一无所有时，别忘记了努力奋斗，别忘记了理想与激情。

无论是已经踏入社会，还是身在校园，我们都一定要：

第一，打造完整的知识结构。所谓的完整，并不是要你知道全部学科的全部知识，而是尽可能地掌握各个学科的基本常识。完整的知识结构能促进知识的融会贯通。至少，当你发现化学是数学，物理是数学，而数学告诉你它是哲学时，也能恍然大悟，来一句“色即是空，空即是色”的禅师体感悟，也是不错的。

第二，有可能的话，多交些朋友。虽说有些时候再多的臭皮匠也顶不上一个诸葛亮，但在更多的时候是“众人拾柴火焰高”。一个人的能力始终是有限的，一个足够有天赋的人，或许能独自完成惊世骇俗的学术或艺术作品，但无论什么样的天才，都无法独自承揽群体协作才能完成的伟大工程，小到企业经营、抗灾救难，大到国家运转、文明传承。

第三，精通一门专业。在知识爆炸的时代，任何一门专业都可以穷尽一个人一生的时间，已经鲜有人能对多个专业有超过通识水平的了解。而今最重要的不是追求广度而是追求深度。每个人都只有在某个领域的一隅无限钻研，才有可能出成绩。

第四，多读书。尽管博学已经是一件很难完成的事，但是，尽可能广泛的阅读，是开启智慧、建立理性逻辑思维和纠正观念的不二法门。

俞敏洪有段话说：“如果我们没有为普希金、拜伦的诗歌所感动，我们没有因为康德、黑格尔的理论争得面红耳赤，我们没有苦苦追寻尼采、亚里士多德和柏拉图的脚步，没有去分辨这些伟大的思想家和马克思、恩格斯的区别在哪里，没有通过阅读去体会西方社会制度跟中国的社会制度到底差别在什么地方……如果我们从来没有独立思考过，就不能算一个真正拥有青春的人。”

不要拒绝直面现实，那不意味着世界残忍和岁月薄情；不要拒绝接受现实，那也不是我们可以逃避的借口。离幻想越近，离理想就越远，能在幻想之外接受现实的人，才会撑起一片属于自己的天。

第三章

现世安稳，
是一件特别不靠谱的事

别在二十几岁，就过完了你的一生

最大的失败，是你从来没有战斗过

有时候，你需要的只是去尝试。

父亲善养鸡，我家的鸡总是要比别家的肥壮些，鹅、鸭也比别家的要肥得多，仿佛品种本身就比别家的要优良一样。邻人不解其中缘由，喜欢向我家索要种蛋，所以母亲索性连带做点儿卖种蛋这样的生意。但是，即使周围人的鸡、鸭品种全和我家的一样，他们的鸡、鸭还是比我们家的块头小。

据我所知，父母并没有养殖秘诀，之所以与众不同，唯勤而已。但父亲对生物的确有种与生俱来的观察天赋。

我曾问我母亲："如果只卖鸡蛋，只养母鸡不是更划算吗？如果要卖肉鸡，为什么不多喂些公鸡，就喂两只呢？"

母亲说："你老爸说，如果不养公鸡，别家的公鸡就会来，母鸡也会跑丢。公鸡喂多了，母鸡就只抱窝不下蛋了。”来自生活的智慧往往是最有价值的智慧，听母亲这么一说，我心里佩服起父亲来，随后又升起一股内疚——我原本是有些看不起他的。

酉时日落，鸡鸭回巢，很有意思的一幕发生了：所有母鸡都跟着鸡冠较大的公鸡一起回巢，那只鸡冠略小一点儿的公鸡，则孤独地蹲在另一边的架子上，看上去落拓、委屈而又带着羡慕的神情，像只斗败的公鸡——不，它就是一只斗败的公鸡。

我特奇怪的是，两只公鸡几乎一样大，力量对比并不悬殊，两鸡相斗，鸡冠较小的那只若是拼死抵抗，大冠公鸡占不到多少便宜，但小冠公鸡却甘于寂寞，毫无斗志。

它对大冠公鸡的臣服不是妥协，而是彻底的恐惧。平素里，它离大冠公鸡总是远远的，若是要经过大冠公鸡身边，必是一路快跑。但就算它如此躲避，也不能获得自己渴望的那点儿小安稳。即使它独自地、远远地在某片地里觅食，大冠公鸡要是突然过来，它也只能惶恐地离开。

大冠公鸡在任何时候都是趾高气扬的，在“后宫妃嫔”们的簇拥中，特有目空一切、唯我独尊的感觉。而小冠公鸡呢，总是一副凄凄惨惨的落拓状，只要听到大冠公鸡的鸣声，它就惶恐地抬起头来。有时，它想在边上蹭点儿吃的，但只要大冠公鸡抖抖翅膀，它便会如惊弓之鸟一般离去。可以说，大冠公鸡在小冠公鸡面前有着绝对的威权：一个取得了权力确认，无所不为，一个则相信自己彻底失势，奴性十足。

我坚信，若是鸡群也有人类的分工制，那么，小冠公鸡会成为彻底的奴隶。

我向父亲请教这其中的原因，父亲说："小冠公鸡是在大冠公鸡的欺凌中长大的，自小的挫败感已经瓦解了它的斗志，就算你分给它几只母鸡，母鸡也会跑回大冠公鸡身边。"我不太相信，特地抱了两只母鸡放在小冠公鸡身边。果然，刚一放下，两只鸡就都跑了回去。

这恐怕也是人类失意者大多会长久沉沦的根本原因吧！

父亲还告诉我："其实，公鸡带着母鸡吃东西时是吃不了多少东西的。"我大为惊讶："为什么呀？"父亲说："因为它要观察周围环境，要为一群母鸡的安全负责（看来自然界雄性的职责就是要给雌性安全感的）。放心了才吃上一口，这就是你为啥子看到它好像一天到晚都在吃东西一样。"

两只公鸡听到动静后的反应也是不一样的。大冠公鸡会选择战斗，而小冠公鸡会选择逃避。最大的失败，是它从来没有战斗过，惯性思维已经让它完全失去了为自己争取一些什么的能力，只能被动地等待命运的施舍。

很多只把理想挂在嘴上的人，就像这只小冠公鸡一样，对既成的事实，不敢去改变。虽然对生活十分不满，也常常在夜深人静时思考自己要怎么办，但白天一起来就很快忘记了自己在无数个不眠夜的苦思，继续陷入生活的琐碎里，继续沉沦、放纵。晚上千条万条路，白天回归原处。

其实，恐惧是可以克服的。只要试着走出去战斗，你就会发现，事实也许没有我们想象中那么可怕。有时候，你需要的只是去尝试。

鸟笼逻辑的原因很简单：人们绝大多数时候受限于惯性思维。要突破惯性思维就要善于自我反省。所以，如果一些固有的成见已经成为奋斗路上的最大障碍时，我们所需要做的，仅仅是去突破、去尝试罢了。

你去拼了，人生才有更多的可能。

改变很疼，但必须全力以赴

就算再看三千本励志书，不改变思维方法，也改变不了命运。

李笑来说：人是没办法管理时间的，时间也不听从任何人的管理，它只会自顾自一如既往地流逝，“管理时间”只不过是人们的一厢情愿而已。

所以，凡是试图通过“管理时间”来对付拖延症的人，几乎无一例外地失败了。

我自己就有很严重的拖延症，经常欠稿，一被催稿心里就把公司恨得要命。经常把很多任务拖到最后关头才搞突击，然后，要么熬更守夜赶出一部质量不上不下的稿子，逼得大家只好被动接受，要么彻底歇菜，该项目只好不了了之。至于当天可以做的事拖到第二天、第三天，也是经常的事。

这是一种典型的拖延症症状：你明知道某件事必须完成，但就是拖啊拖啊，始终不愿意着手，心中还带着强烈的焦虑感和负罪感，我这事还没做啊，我那事还没做啊。你又不能指责拖延症患者懒惰，如果因为懒惰而不愿意做，没有负罪感和内疚感，那就不叫拖延症，叫人品有问题。拖延症是明知要干，却没有办法让自己开始干，但也没闲着，所以，绝大多数人都把压力刻在额头上、匆忙写在脸上。他们身上充满了矛盾——既勤奋又懒惰。所以，他们可以称之为穷忙族。

比如，很多学生每到周末都要起个大早挤公共汽车去某个地方上课外辅导班，中午吃既不价廉又不味美的盒饭，下午还要在一个充满各种味道的教室里继续上课。他们也许会玩电子游戏，但显然比那些只玩电子游戏的人更勤奋；他们也许会喝酒打牌，但显然比那些只喝酒打牌的人更努力。

又比如，我明明计划的是上午联系作者，下午写稿子，结果第二天一早，公司突然召开一个重大的会议，会议上的要求使得我和我的部门领导都很焦虑，于是她生气，我也不愉快。这一天的结果是:既没有联系作者，又没有写成稿子，还没法跟公司交代，计划全泡汤了。

你检索一下，就会知道“穷忙族”来自英文单词“working poor”，原意指那些薪水不多，整日奔波劳动，却始终无法摆脱贫穷的人。不过，西学东渐后，这现象已被彻底本土化了，特指那些成天很忙，但也没有做出什么的人。我们之所以成天都在忙，却又无可救药地成了拖延症患者，不过是因为，我们还没有学会正确地处理“时间、人性、意外”——噢，很多人虽然在忙，脑子里也念头横飞，但实际上，他们还没有学会思考，“只有学会正确地思考，才意味着真正进化成人”。

有的人还没有想清楚就开始做，有的人根本没有想就开始做。正如很多人从来没有想过自己为什么是个loser（失败者）一样。

这里有一个悖论：绝大部分的人之所以一事无成，是因为总是在思考，而不是在做。当然，思考还是有很大的不同的，前者可以说是“能对所做之事进行细节把控和大局调剂的独立思考，是一种甚至连意外也会在意料之中准备好的思考能力”，而后者则是“对结果不确定性的焦虑和惶恐，害怕万一的失败招致的一失足成千古恨”。前者是智慧，而后者是本能。

我的拖延，便属于前者的反面案例：没能计划好意外。

在《把时间当作朋友》这本书里，李老师举了个很有意思的例子，说一个男孩捧着他的畅销书《TOEFL iBT 高分作文》找他签名时，问了一个问题：“老师，你说，如果我把你这本书里的作文全都背下来，在考场上默写一篇，会不会被判雷同呢？”你想想就知道李老师该有多生气，这熊孩子，白上了李老师的课了！他可是一再强调：“作文，当然要自己写；就算有范文，也只是用来参考的。”而且他很确定自己花费了很多笔墨去讲解如何参考范文而不是照抄范文——完全照搬别人的文章不仅仅是雷同，应该判定为抄袭——这还用问吗？

这个问题也足以说明：很多人几乎不思考，哪怕是最基本的常识思考。

不能说他们错了，因为不是由理性思维指导的一切人类行为，都是由本能主导的。在本能层面，大脑的选择就会变成“速度至上，成本最低，最好做什么都不费吹灰之力”。之所以如此，是因为动物倾向于保存精力，而条件反射的新陈代谢率极低，与有意识的思考相比，它们几乎不消耗能量（在精力发挥方面，习惯反应和有意识抉择间的不同，是数以亿计的神经元的多重放电处理过程的不同）。

一般情况下，懒惰的大脑总是想方设法用过去形成的认知习惯和环境进行模式匹配，只有发生了严重的模式不合，大脑感觉“怎么回事？怎么不对劲？怎么会这样子”时，才会把主动意识调动起来。

所以，抑制主动思维的，其实是我们固化的大脑匹配模式。

你“懂得很多道理，却依然没有过好这一生”的根本原因，就是你还没有受够生活的苦，大脑不想去主动建立新的可以让你生活得更好的思维模式。所以，有了“又是一本鸡汤书，完全没有什么用”“其实道理我都懂”的想法，就算再看三千本励志书，也改变不了命运。学了像没学，看了就像没看，不是书不好，而是椟中有珠，你不懂鉴别，怀抱利剑，你不会使。

所谓天生好命，只是奋斗的结果

改变习惯并不难，让改变命运的能力证明，你原本就拥有天生的好命。

改变其实是一个重塑惯性的过程。开始时是挺难受的，因为大脑不认账，但你坚持坚持，大脑也就妥协了，和你的坚持相比，大脑是个没有什么意志力的家伙。比如我走路这事就很有意思。

我住在万寿路附近，离公司刚好十公里。像我这么懒的人，近一小时的车程，实在懒得折腾，所以有好长一段时间，我都蜷居在公司休息室凑合。但当我发现，这样一来，就算吃得好睡得着也长不胖，且气色萎靡、精力不佳时，我决定听从朋友的建议，每天做一些运动。

他建议过练瑜伽或仰卧起坐，不过，好像都不适合主观能动性极差的我。对我来说,做这些运动太无聊了,没有办法坚持下去。某日突然想到，如果我把从公司到住处的路走熟，那么，我以后岂不是每天可以一边走一边想点儿事情或听听音乐？终于，在某个周日的下午，我查好地图后，开始了这段征途。

那天我成功地证明了我的小学数学是体育老师教的，而体育是语文老师教的。由于不认识路，我走了整整三个小时才到家。把包往地上一扔趴在床上伤心不已：想当年，年方二八，我走十里路只用一个小时，现在竟然已经年老体弱到要走三个小时了，我真是老了呀！除了觉得自己确实应该加强锻炼外，便是满满的对人生苦短的遗憾了。

不过我又安慰自己，第一次不熟，还穿着高跟鞋，拿着东西，我应该买双跑鞋轻装上阵，负重最多不要超过五公斤，这样才能测出我真正的速度。

带着这样的不甘，我又搞了第二次全程徒步行走，这一次犯了短暂的小迷糊，一路上都在催着自己快走，走得急，还差点儿闯了好几次红灯，但是，我还是没能在一个半小时内赶到住处。这一次，花了差不多两小时，虽然与第一次相比，已经快了近50%，我仍旧满心失落：走得太慢了，我原来只需要一个小时的。

到网上查了一下相关资料，才发现自己走得不算慢，一个小时五公里，是成年人的正常步行速度。“唉，到底不是青春少艾之年了”，我叹道。虽然我的速度在理论上不比别人差，可是，和曾经的自己相比，就太差了，我曾经一个小时能走十里，还是坡坡坎坎的十里。现在这样，才不过是原来速度的一半。

我悲伤至极，对母亲说："妈，你是真的已经老了，连你女儿都老了。"

母亲得知原委后说："你走的是十公里，不是十里。"关键时候，我的那位糊涂母亲显示出了她精明的一面来："每天走走挺好的呀，能节省四块钱呢！"

这么一说我感觉自己特别冤枉，我竟然没能跟在一辆布加迪威龙后面，或者跟在一架直升机后面，我走个路竟然这么不值钱！老天不长眼啊！

后来我想着走路时间还是偏长，于是决定听朋友的建议，步行一小时，然后坐车回去，或者坐到一半下车，然后走路回去。我觉得这方法还不错，于是就照做了。

一路上我深刻反省了自己的工作状态，又反省了自己的人际关系问题，还想起几个开价版税二十个点、首印十万册的作者，想着要不要买条公主裙以及怨恨自己这个月竟然花了一万块钱，回神想到是不是要赶紧找车坐时，我发现自己已经走到住处了。

你看，人是多么容易形成新的惯性！只要坚持那么几次，挺过最初的腰酸背痛腿抽筋后，就根本停不下来了。

可见，人要改变自己真的不难，只要你开始去做，并且挺过最初那段不适应的时光，另一个习惯就可以养成了。我们完全可以用意志力让自己形成更良好的习惯，让自己具备更卓越的素质。

别在二十几岁就处在安逸的状态

从现在起，要学会给大脑培养新的匹配模式，让我们用可以实现梦想的方式去生活。

假如你没有积极主动的行动力，就不会实现梦想。

很多时候，在学业上，在工作上，甚至在感情问题上，一些年轻人还没有迈出踏进社会的第一步,就已经沦为一个“loser”（失败者）。二三十岁出头的年纪，虽然早就已经是法定意义上的成年人，但剥去生理定义后，我们不得不黯然地承认：我们还没有学会长大。

“三岁看老”，说的是一个人的遗传基因和早期社会环境对他的决定性影响。在一般情况下，很少有人能打破惯性思维，这是因为，我们的大脑有一种叫作“模式匹配”的功能，几乎从不直接与环境相互影响。大脑将思维、记忆、情绪和行为冲动融合成无数神经“快照”，然后从中挑选一个，与我们对当前环境的感知进行“匹配”。这是一种高效的运作方法，能保存珍贵的注意力。这就是说，只有不在预先保存好的“快照”里的情景，才会引起我们格外的注意。举个例子，即使进出某个房间一百次，你都不会留意一盏灯，除非哪天它被挪动了，房间的变化与你大脑中的模式匹配不上了，你或许才会感觉到异常。

要改变思维模式，就得改变大脑固有的模式匹配。但是，出于效率的需要，影响不大的变动，都在大脑模式的容错范围里，当一个人最主要的思维模式都形成时，只要不遇上颠覆性的模式不匹配，就不会改变自己的思维惯性，所以，三岁已经足以看清一个人的命运轨迹，因为三岁的孩子，思维模式或性格特征已经大致成型。

传统教育模式培养出来的年轻人，最大的弱点是缺少主动性。经过二十几年的人格塑造后，惯性思维几乎根深蒂固。更多人习惯了等待别人安排工作，等待别人告诉自己应该做什么。这种情况下，若不能不断地自我反省，很难变得主动起来。

一个德国教授说：“18年前，我第一次在中国给学生上课时，学生对于我带来的这种完全不知道会发生什么的上课方式很兴奋，但是他们从来不主动，就好像对知识没有好奇心一样。直到现在，他们还是不习惯在课堂上担当主动的角色。他们只会被动地消化老师传授的知识，被动地完成老师布置的学习任务。很少有人主动去锻炼解决问题的能力。”

在网上看到一个女孩的故事：她到公司快三年了，入职比她晚的同事都陆续地升了职，她却原地不动，心里颇不是滋味，于是找到领导理论：

“领导，我有过迟到、早退或违反公司规定吗？”

“没有。”

“那是公司对我有偏见吗？”

“当然没有。”

“为什么比我资历浅的人都升职了，我却一直待在一个微不足道的岗位上？”

领导笑笑说：“你的事咱们等会儿再说，我手头上有个急事，要不你先帮我处理一下？有一家客户准备到公司来考察，你联系一下，问问他们什么时候过来。”

她兴致勃勃地接了任务，一刻钟后，她回到领导办公室汇报工作。

“联系到了吗？”

“联系到了，他们说可能下周过来。”

“具体是下周几？”

“这个我没细问。”

“他们一行多少人？”

“啊！您没问我这个啊！”

“那他们是坐火车还是飞机？”

“这个您也没叫我问呀！”

领导不再说什么了，他打电话叫了一个部门的负责人来，这个负责人比她晚到公司一年。负责人接了任务，没多久也回来了。

“哦，是这样的”，这位负责人道：“他们乘的是下周五下午3点的飞机，大约晚上6点钟到，他们一行5人，由采购部王经理带队，我跟他们说了，我公司会派人到机场迎接。”

“另外，他们计划考察两天时间，具体行程到了以后双方再商榷。为了方便工作，我建议把他们安置在附近的国际酒店，如果您同意，房间明天我就预订。”

“还有，天气预报说下周有雨，我会随时和他们保持联系，一旦情况有变，我将随时向您汇报。”

那个负责人的有条不紊和周到细致，与她的应付了事形成了云泥之别。看到了彼此的差异之后，她羞不自胜，尴尬地退出了领导的办公室——原来，得到的背后，有着一系列无形的争取。

职场就像一座黑暗迷宫，前行之路错综复杂，除了摸索之外，没有人能拉着你走向光明。

很多刚从学校走出的大学生，习惯了被督促、被命令着去做需要做的事。被动，成了他们最大的缺点。

每天等着任务安排，等着被告知需要去做什么。由此导致的工作不努力而只好努力找工作的境遇，都被我们归咎于了所谓的“遇人不淑”“人心不古”和“世态炎凉”。跳槽，成了他们最擅长的解决办法，但他们不知道，这是最糟糕的去路。

无论是工作还是创业，当你作为一个法定的成人肩负起职责，为每月的收入负责时，你就开始踏上了一条独自成长的路。这条路上，没有谁应该告诉你什么，也不会有人时时主动告诉你要怎么做。

被动是人生的死敌。

如果生活不是你想要的样子，唯一出了问题的是你的思维定式和行为习惯。别用一种安于现状的方式，过着自己不喜欢的生活。

从现在起，就要学会重塑新的大脑匹配模式，让我们按照自己梦想的方式去生活。

懂得的越多，越能面对困境

害怕在奋斗和努力中受苦的人，除了会为自己的害怕受苦外，还会为“得不到”和“会失去”的心理受苦。

绝大多数人之所以过着平庸生活却又享受不了平庸生活里的快乐，是因为欠缺最起码的见识和认知能力，既自大又自卑，看不清世界，也不认识自己。完全可以把眼光放远点儿、心胸打开点儿的他们，很容易为自己学到的一点儿常识欢欣鼓舞、四处炫耀，还强迫别人承认只有自己知道的才是正确的，比如鲁迅笔下的阿Q：

譬如用三尺三寸宽的木板做成的凳子，未庄人叫“长凳”，他也叫“长凳”，城里人却叫“条凳”，他想：这是错的，可笑！油煎大头鱼，未庄人都加上半寸长的葱叶，城里人却加上切细的葱丝，他想：这也是错的，可笑！

所以，你经常会看到的现象是：他们的微信朋友圈或QQ空间里，转着各种各样的稀奇古怪的文章，有时还附加上半诅咒式的道德绑架，比如“你要是有良心就会如何”，或“转了这篇文章就有好运”，就差半句“不转就会倒霉了”的恐吓。

如果只是转载一些常识性知识也便罢了，虽然大部分人只是转了自己根本都没有看的内容，但好歹有可能让他们学习一些基本的传统文化和科学常识。

但问题在于，由于他们没有鉴别能力，只能凭着感觉去接受自己能理解的东西，所以他们完全不知道自己是在相信还是在迷信。

我翻了下我妹妹的微信朋友圈转载文，和常见的一些朋友圈文章基本差不多。比如“不要触摸刚去世亲人的身体”“十种最可怕的婆婆”“邪淫对身心的严重危害”“无论如何都不能堕胎，不然就会下地狱”……最让我哭笑不得的是还有“人生赢在格局，输在计较”。

当然，也有鸡汤句“常常原谅自己的人，往往得不到上苍的原谅”“快乐=获得-欲望”……凡是他们感觉有用的，便会转上一遍。也就是说，由于没有意识到人与人之间是应该有界限的，所以也不晓得自己胡乱给人传播信息是一种骚扰，有时甚至是一种极其恶劣的骚扰。

你要知道，国家有疆界才得以存在，身体有轮廓才能够辨识彼此。界限的存在是为了确定“我是谁”“我拥有些什么”。向别人敞开界限的人，看似“无私”，却往往不具有真正独立的人格。

我们往往长于德行修养，而拙于制度建设，长于坐而论道，而拙于技能方法。你当会计就要学会做账，当编辑要有起码的编校技能，做项目要完成资源整合。在工作中，要将重点放在专业但并不复杂、简单却并非显然的常识基础上。“不同专业的项目需要的专业常识不同”，这些东西没有人教过，并且当他们必须学时，会感觉学这些对不起自己伟大的理想或才学，所以心里充满了排斥。

可以说，绝大部分初入社会的年轻人，甚至已经工作多年的职场人士，都还远远没有学会自我成长。很多人看过很多鸡汤鸡血满溢的励志书，却过目即忘，短暂的感慨后，很快就会回到寻常的惯性里，继续曾经的老路。

独立成长真的很难。有时意味着我们必须放弃父母的期望，学会在自身寻求支持和肯定，哪怕面对他们的反对甚至指责；有时意味着要时刻提醒自己，别因为短暂的感受就马上肯定或否定什么。但是，在一般情况下，很少有人有能力在不痛不痒的日子中努力把自己变得更优秀。所以，鸡血打得再多，都比不上头破血流一回学到的走心。

有什么办法呢？成长就是这样痛并快乐着。

在这个过程中，你需要掌握的知识的几个境界包括如下：

◎生而知之者上也；

◎学而知之者次也；

◎困而学之又其次也；

◎困而不学，民斯为下矣。

只有在遭遇到痛苦时才意识到需要学点儿东西的人是下根之器，苦难的价值不在于苦难本身，而在于它能否促使你把苦难转化为辉煌。很多了不起的成功人士，受到的挫折并不比普通人多，不同的是，普通人不到万不得已不会主动求变，而他们生而知学，学而知之，挫而不折，悲而不伤，很快结合过往知识，转识成智，大彻大悟，放下一切去奋斗，才终于成就了自己。

不要等到吃尽了苦头才开始学习，不要轻易相信苦难是值得的，很多时候，苦难就是苦难，失败也常常是"难产的成功之母"。我们之所以磨炼意志，是因为人生漫长，谁都不可避免地会遭遇一些苦难。

追忆苦难，不是因为它已经过去，再也伤害不了你，而是去懂得，所有的过去构成了我们的现在，从前种种必有其原因，我们需要反省自己要不要超越那样的过去——如果要，怎么超越。

同情、悲悯然后超越苦难，涅槃重生之后，苦难才具有真正的价值。

但是，你要知道，有些苦难是"一失足成千古恨"，是"再回头已百年身"，所以，如果有可能，还是尽量认清自己的局限性，学而知之吧！毕竟你懂得的越多，才越能面对困境。别一边满怀不劳而获的妄念，一边还转发些"人生赢在格局，输在计较"这样的鸡汤文来忽悠自己。

每个优秀的人，都有一段沉默时光

牛股怒发之前的洗盘，总有一段看似绵绵无绝期实际为时不多的低位箱体震荡，如果你的命运K线在低价区徘徊时，你要懂得，爆发总是藏在沉默背后。

拿着学士学位证、硕士学位证甚至博士学位证的你，得到一个听起来不错的岗位，干着技术含量低的工作时，你是否感觉，梦想是照不进现实的？当你拿着远远低于预期的工资时，是否突然发现，从前种种人生理想已如昨日死，以后种种全是迷茫不知何以生？

是不是每一个年轻的梦想，都要遭遇这么一个惨淡的收场？

小时候，妈妈说长大就好了。现在你倒是长大了，可是却没有好起来。

当然，这个时候你并不知道，好与不好这个问题，并不是由长大或不长大决定的，而是由你有没有能力决定的。你看起来很聪明，也学了些名词、公式和概念，不过，这些和现实的工作无关，如你所言，你所干的那些活，小学生都可以干。

不难想象，巨大的失落感、幻灭感和受欺骗感，一次又一次地粉碎着你不切实际的美梦，刷新着你的感观。世界如此险恶，遭罪的是你那颗碎了千百次的玻璃心。原来，并没有一份钱多、活少、离家近的工作等着你。

不能怪你，你是长在高墙里的孩子。你学会了交通规则，开车理论可以倒背如流。可是，你没有见过红绿灯，连红色、绿色都分不清，你不知道高速公路是何物，想象着只要有辆车，你就能一日千里，项羽的乌骓，关公的赤兔，还是文帝的飞燕，都不是你的对手。但悲剧的是，你连方向盘长啥样都不知道。

你没有最起码的逻辑思维。你把一只蜘蛛放在实验台上，然后冲蜘蛛大吼一声，吓跑蜘蛛，再把这只可怜的蜘蛛抓回来，把它的脚全部割掉后，又冲蜘蛛大吼一声，发现蜘蛛不动了，然后得出一个结论：蜘蛛的听觉器官在脚上！并且你会像王小波笔下的傻丫头那样，把这个结论当成伟大发现告知全世界。

你没有常识，也不想有常识。

一直以来，个别“道德家”在干的一件事就是把大家的思维模式拉得脱离常识，甚至谁偏离常识越远，把违背常识的话说得越好便显得越有学问。我们只是学到了诗意的宣泄或直觉的感悟，却没有学会觉察表象与事实间的逻辑联系。在毫无逻辑联系的两点间随意构筑幻想，是大多数人的拿手好戏。

但是，生活只会按常识进行，而不会按幻想进行。幻想在常识面前只会无地自容、一败涂地。唯有回归常识，才能把自以为是却不切实际的幻想变成终于有可能实现的理想。

若是不想让自己的人生一塌糊涂，那么，你必须长各种记性——关于各种常识的。

一个著名的广告策划给我讲过一个很有意思的故事。他说，不到二十五岁时，自己就感觉人生已经没有盼头了——过了英语八级的他，由于口语不太好，所以没有找与专业相关的工作，而是做了一家广告公司的文案策划。这份工作不仅听上去很高大上，而且还满足了他挺爱写几笔的心愿。他相信作文常常被当范文念的自己，一定能“笔落惊风雨，诗成泣鬼神”。这份工作虽然收入不高，但感觉应该非常轻松，若再能成为主案策划，那还不要风得风、要雨得雨?

工作后才知道，自己真是太天真了。工作的第一天，不是和客户交流，也不是被任命为主笔，发挥自己纵横天地的惊世才华，而是没完没了地校改别人的稿子,写一些不知名产品的软文,如“十年后才发现老公出轨不知怎么选择”啦,中间夹一些“反省、自强”女性的投资之道，或折腾什么“大明星的丰胸秘籍”啦，“五十二岁男人是如何赢得漂亮富婆欢心的秘密”啦，然后注册无数马甲，在自己的帖子下面起哄骂架，间或打印下合同……微信、微博、QQ，都要实行业务经营，而领导则不停地发布工作任务，加班加点是常事，几乎没有私人生活空间。

难道这就是生活的全部？年纪轻轻，生活却了无生趣。从事着初级的、看不到意义的、完全与预期背离的工作，换了谁也会问自己：我的人生只能这样了吗？

最让他郁闷的是，公司知道他有专业八级英语证书，所以交了一份英文翻译的活儿给他。他很清楚自己为什么会接到这个任务，因为他在路过领导电脑旁边，发现领导用“谷歌”翻译时，大惊小怪地说了一句：“你还用‘谷歌’来翻译啊？我都是只用自己的话翻译的。”

当他费了九牛二虎之力把那份资料翻译出来交给领导后，领导看了看，什么也没有说，那奇怪的脸色却无疑显露出了否定。有同事私下告之：领导认为他的翻译水平和他的写稿水平一样烂。

领导虽然没有说什么，他却再也待不下去了，于是找了个理由离开了那家广告公司。这件事对他的影响很大，打那以后，每当他想一吐为快时，总会想起这件事来。他总是会默默地告诫自己：所有工作都是由细节和琐碎构成的，有的可能很低级，有的甚至很低俗。

不要想当然，不要自以为是，任何时候！

所有言论，都是有立场、有观点的，当你有了立场，你就有了对手。

人是没有言论自由的，正如人是没有随意伤害别人的自由一样。

他说：年轻人适当吃点儿苦，未必是坏事。倘若没有那场教训，他不会发愤提高自己的文字水平，不会谨言慎行，懂得为人处世的道理。

我想，这些告诫也适用于很多年轻人。

牛股怒发之前的洗盘，总有一段看似绵绵无绝期实际为时不多的低位箱体震荡，如果你的命运K线在低价区徘徊时，你要懂得，每一个优秀的人，都有一段沉默的时光。只要你肯用这些时光来积累自己、沉淀自己，总有一天，你会发现，所有的挫折与彷徨，都是一种成长的给养。

第四章

年轻时，
要懂得自己才能成全自己

别在二十几岁，就过完了你的一生

年轻人，谁也没有照顾你的义务

别太依赖任何人，有了问题自己想办法，没有谁有义务一直帮助你。

那时，他初入职场，有什么事总去问自己的领导。一次，他又遇到一个问题，一时想不出什么好办法，照旧去找当时的市场部经理，上司这次却没有直接回答他的问题，而是反问道："你说该怎么办？"

他一下子就懵了，心想："我跑来问你，正是因为我不知道该怎么办，我要知道的话，还跑来找你做什么？"他忍住心里的怒火，说道：自己想不出什么好办法，才来征求领导的意见。

领导仍旧没有告诉他答案，而是让他回去好好想一想，等想出什么建议或方法了再来。

“这人怎么这样呢？不就问个问题吗，还藏着掖着，一句话不说就把我打发回来了，于他来说，这件事情是再简单不过的事了，告诉我一声不是很简单吗？”虽然很无奈，但只好自己挖空心思去想办法，一来二去，还真想出一个方案来。没料到领导静静地听完后，又要求他回去再多想几个方案。

这不没事儿找事儿吗？他愤愤地想：“问个破问题，不仅不说，还拿来折腾我。”但也无可奈何，他只好回去仔细琢磨，经此一次，还真的发现有更多的解决问题的办法和思路。当他拿着三个方案去找领导时，领导非常认真地接待了他，并且帮他分析了不同方案的优点和缺点。

问题虽然解决了，他却一直对领导的做法耿耿于怀。

年轻时，谁不曾无知或迷茫？

有时，我们恨的不是挫折或困难本身，而是当我们遭遇挫折或困难时，身边明明有人可以轻而易举地帮我们一把，但他们却“残忍”地选择了拒绝。我们本来以为，人与人之间是应该相互帮助的，哪知道，现实却只告诉了我们人情淡漠。锦上添花者太多，雪中送炭者从来鲜有闻。

没有哪一个年轻人在头次遭遇拒绝时，会不产生一丝抱怨，即使多年以后，他发现这样的拒绝不无道理。当然，由于是新人，对做事流程两眼一抹黑，常常不得不求助于同事，有的人会告诉他怎么做，而更多的人会回答：“我也不知道啊。”

他想：“这些人都很自私，即使是举手之劳都不肯帮忙；再也不询问上司了，不要相信他们的耐心，他们就是一群目中无人又喜欢仗势欺人的家伙；有了问题自己想办法，没有谁会一直帮助自己。”

他很长记性，打那以后，面对任何问题，想到的就是自己找解决办法，而不是求助他人。

再后来，他也开始带新人。

有的人填一份简单的签呈，都会反复询问好几次；有的人则从来只会按部就班地完成工作流程，从来不会思考自己执行得是否到位，是不是算得上完成了工作；有的人的文档的名字干脆叫“新建文件”“新建文件1”“新建文件2”“新建文件3”……

他辛辛苦苦总结的工作方法和技巧，从来没有人认真看过。当他问新人为什么不愿意看“工作注意事项”时，有人很傻很天真也很直接地说：“我觉得问你比较省事，我懒得去查……”他终于火了：“你就不能学会自己查啊？这问题很难吗？太阳底下没有新鲜事，凡是你遇到的问题，别人都遇到过，你查一下会死吗？究竟是谁给谁打工，为什么总是使唤我？我又不是你保姆！”

直到现在他才感觉到，这些欠缺主动性的人真是太可恶了，而以前的自己不比他们好多少。这样的人，说好听点儿叫欠缺主动性，说难听点儿就是习惯了不劳而获。这些被父母娇生惯养的人，是连自己吃饭都会嫌累的。没有工作能力，任务基本完不成；没有情商，总是拿着幼稚当天真；没有同理心，从来不会考虑自己是否应该去打扰别人。年纪轻轻便已经老去，思维死板固执，学不进新的东西。

大部分职场新人的思维惯性是：

◎看不见，我只是没有注意；

◎看不起，你说的我都懂；

◎看不懂，到底为什么要这样做……

他们会理直气壮地索要，并且还看不起你的付出。

当工作需要他们主动学习时，他们会说，我就是怕麻烦才问你。当别人很认真地把经验和方法告诉给他们的时候，他们总是说“其实，你说的这些道理我都明白”“其实你发给我的资料，我都查得到，我就是觉得直接问你比较快”“其实你说的标准我也明白，我就是觉得直接问你更保险”……

他们用最侮辱人的方式告诉你：他们只是不愿想，要是愿意想的话，你多年以来的经验和学习，他们全都懂，或者只需要去想一想，就全都会了。

对于这些年轻人，现实会告诉他们，这个世界除了他们的父母，谁都没有教育他们的责任，更没有替他们做事的义务。世间所有的拒绝和不够友好，非你所爱，却理所当然。

别太依赖任何人，没有人有教育你的义务。什么低级问题都问人，是对人的最大不尊重，要想被尊重，请先尊重人。请记住：你唯一不应该有的“主动”是“主动地回避生活的精彩”。

别等着全世界来成全你

“我愿以身化剑，护你一世周全”是忽悠你的，任何人在任何时候都无法为另一个人准备周全。承诺和甜言蜜语，有时只是人际关系里的调味品。

无论做什么事情，唯一相对可靠的态度是：在自己的能力范围里，尽可能地准备周全，然后直面挑战。失败了就研究失败的原因和对策，重新做好准备迎接挑战，即使再次失败，也要再次做好迎接挑战的准备——只要无限次地重复下去，很少有什么事是做不到的。但前提是自己来准备，可以屡败屡战，但不要等待别人为你准备周全。

这个世界上，有很多人，从来不是自己去准备和面对，所有的欲望和希望，都等着别人来成全，依赖感太强的人尤其如此。

一个姑娘去北京看姐姐，姐姐很高兴，因为很想让妹妹看看她现在的生活状态。一是和她最欣赏的搭档在一起共事；二是她得到了领导的认可，他们对待她如同亲人一般，虽然她偶尔会让人不省心，但是他们依然包容——她想让妹妹知道她很幸运，知道她过得很好。“我前途一片光明”，她想。

妹妹不仅肤白貌美、气质动人，让很多小男生惊为天人，还是个有责任心有担当力的人。这么多年以来，妹妹以一己之力，承担了很多家庭责任。

她希望妹妹看到过得越来越好的自己，也希望同事看到她那高贵典雅女王范儿的妹妹，所以，从这个角度上，得知妹妹要来，她满心喜悦。

但她从来没有想过，妹妹是活在体贴的丈夫保护下的女人，而她只是个马大哈，连自己都照顾不好，更别说照顾别人了。所以，那天从一开始，就发生了不愉快。

她竟然独自坐地铁去接妹妹，而没有找人开车去接。她只想着没多远的路，坐地铁也是极方便的，不料仅仅数十步的路程，已经足以让穿着超级高跟鞋的妹妹脚疼了。

她们选错了地铁入口，排队半个多小时才勉强进站，买票时又出了状况——她想使用自助售票机，见人多，便以为到人工服务窗口买可能会快些，不料队伍老长，远没有在自助售票机前排队来得快，结果，她自然又被妹妹狠狠地责备了一番。

姐姐也很委屈，自己对北京根本不熟悉，还没有坐过更换了系统的地铁呢，更别说使用换过系统的地铁自动售票机了。由于不想因为琢磨如何使用自助售票机耽误别人，她错误地估计了形势，选择了错误的方法。而妹妹没有耐心听这些，只认为她“应该”随便买张票，大不了下车出站时补票，完全忽视了北京地铁不能补票这回事。

当一个人只关注自己的需求或欲望时，是完全不会为别人着想的。要是在老家，一切有思虑周全的丈夫做安排，妹妹是什么也不用操心的。但到了姐姐这里，连买个地铁票也要亲自上阵，一个从来不操心的人突然要为各种琐事操心，当然会怨气冲天了，因为这打破了她的惯性思维，离开了心理舒适区。

好不容易熬到站，她考虑到妹妹脚疼就想打车，但是从出站口到公司是逆行，根本打不到车，而过了人行天桥后，离公司便不足两百米了，也不值当再打车，于是她决定跟妹妹步行回公司。

妹妹没走几步就开始发火，一路上怨语不绝，责备她的前男友为什么没来接她——尽管他们已经分手快一年了。

妹妹责备她，说她应该早就把北京地铁路线图研究好，实际情况是，她是两三小时前才知道妹妹要来北京，上午一堆推不掉的工作要做，中午还有事要处理，哪有时间研究地图？妹妹只感觉得到自己的难受，姐姐的苦衷在她眼中都是借口。

大部分怨男怨女都和她一样，觉得只要自己的愿望或需求没有被满足，那么，一定是全世界错了。

妹妹从来没有想过，来北京多年连故宫也不曾去过的姐姐，其实过着两点一线的生活，她当然也不想了解姐姐出于什么原因不想求助前任、领导或有钱的朋友，她只看见一个一无所有的姐姐，一个人生活，上下班时在地铁里被挤成肉饼。

现实是由琐碎的细节构成的，你以为你把欲望转化为一般需求，它就变得合理并且马上就能实现了吗？就像她认为姐姐应该懂得如何买票，应该熟悉北京，应该知道如何马上让她停止奔走的步伐愉快地度过在北京的时光一样。但是，世间没有应该不应该，只有事实会如何，姐姐还觉得妹妹应该自己直接从车站来公司，然后一言不发地等姐姐下班，回去还能帮姐姐收拾屋子呢！

当然，她不会知道，应该和当然是两回事，前者是自我需求和欲望的表达，后者是实际情况，这个世界从来不会为了迁就任何人就把当然变成应该，就像造物主从来不会因为我们是人类就把社会变成理想的样子一样。

生而为人，有需求、欲望也很正常，自己的本事配不上奢望也还算正常，但等着全世界来成全自己暂时还不配拥有的一切，绝对不正常。

当然，她并没有错，那么热情地跑来关心这个世界上最亲的人，只是因为肉体太痛了，才抱怨了两句。每一声抱怨，都是一个弱者对环境伤害的无能反应——如果全世界都成全你，你就不用受苦了。但这是不可能的事，世上没有感同身受这回事，每个人都深陷在自己的细节里无法完全顾及他人。所以，永远不能指望别人在我们最需要的时候会极配合地送上温暖。

更常见的遭遇是：你掉向井底时，一只手情急之下紧紧地抓了井口的边缘，明明来了个可以帮助你的人，却把脚残忍地踩向你那只抓着井沿的手，而另一个人，却又搬来一块石头砸向你的头。

你放弃了求助，甚至放弃了生的希望，在绝望中落入井底。

你发现井水很浅，刚及腰罢了，井壁虽然很滑，但你努把力还是能爬上去，于是，你一点儿一点儿地向上爬。刚到井口，那个踩你手和向你砸石头的人便合力把你拉了出去。

这时你才知道，天太黑，挑水的人根本没有看见你，才踩在了你手上，而向你砸石头的另一个人，是因为迷信“挑水前一定要给井里的‘东西’打个招呼”，所以才扔了块石头。

不要再为自己的懒惰找借口

如果不能开心地奋斗，你几乎就享受不了开心。何必把自己搞得那么苦？

你也许没法选择人生的方向，但可以选择生活的态度。虽然从长远来看，所有的选择都是没得选择的——你必须得进行选择，就是件没得选择的事。

如果你有某种特点，即使在别人眼里是缺点，你也不必非要改正。因为，这世界上没有完美的人，我们要悦纳自己的不完美，一则，我们的缺点并没有严重影响别人，再则，或许正是我们的缺点成就了我们的优点呢！

就像我坚决不喜欢把时间浪费在走路上一样。

无论在哪儿工作，我的最大、最重要的愿望就是住公司周边。

没有办法，在我看来，睡觉是一件很重要的事。有个同事晚上十点没睡竟然会哭，其实我更过分，我如果没有睡好觉，会连续好多天都感觉人活着没有什么意义，再严重点儿，会想直接“自挂东南枝”得了。虽然别人说在北京这样的城市，上下班一小时内都是特别幸福的，而我住的地方离公司不过才半小时多点儿，应该“像别人一样感觉幸福”才对，但我还是感觉自己很不幸。如果不能免于路上的奔走，那我就很难专注于工作。

有些事，对于一般人来说真的没有什么大不了，但对于特定的人来说，那就是一道永远无法迈过去的坎。

身边的人说“别人都如何，你为什么不能如何”时，我确实没有办法解释我为什么就是不能坐几十分钟车去上班。这甚至成了我和前男友最大的矛盾之一。他总认为，我的车程不过半个多小时，已经够幸福了，再说，每天跑跑路没什么的。我参与过他的一些工作，我觉得他一天中最劳累的部分，就是上下班有一小时左右的路程，但他总是劲头十足。他有时自己开车，有时不开车，耗时都差不多。

开始的时候，我认为他说得对，我就是太娇气，走几步路都觉得辛苦委屈。而他每天朝九晚五，从不迟到早退，比起出身高贵的他来说，我这样的凡人不愿意跑路，未免太矫情。

为了改变自己的这种状态，我找了很多身边人的励志故事来给自己打气。比如我的一个领导，他住在通州，在安贞西里上班，单程近两小时，经常加班到晚上七八点。上下班路上他也不闲着，看各种大部头和小部头的书。每隔上一阵，他便会兴奋地告诉我：

“颜歌，我看完《西塞罗文集》啦。”

“颜歌，我看完《叔本华论说文集》啦。”

“我看完《亚里士多德》啦。”

……

这真是一个充满工作激情、丝毫不怕奔波的人。平素这么奔波也便罢了，他每个周末还要赶回郑州与女友相聚，周一上午再回北京。注意，是每个周末！他那瘦瘦的躯体里似乎有着燃烧不完的能量。

我呢，每天睡十多个小时，上班路上还经常迷迷糊糊，到了公司，总想找机会打个盹。我为什么不向这样的人学习呢？既然他做得到，我也应该做得到啊！

所以，我觉得我所谓的精神不振都是给自己的懒惰找的借口。

不久，我调换了部门，新领导住得更远，在燕郊。虽然要负责带孩子、教孩子，她却从来不迟到、不早退，每天大约只能睡五个小时，却永远精神饱满，充满热情。这是一个多么有韧劲儿的女人啊！我也应该向她学习。

而我现在的领导，更是每天六点多就到办公室忙碌，而她住的地方比我远得多。

别人都在辛苦地奋斗，我却只晓得追求安逸。

我为什么就是不能像别人一样奔走！

我初到现在这家公司时，还热情地奔走过一阵，不过，那半年基本没有什么工作效率可言。后来即使一个月才去一两回公司，依然感觉像上杀场一般绝望。

想想吧，假如路上需要一个小时，即使我不吃早饭，梳洗花去半小时，那么每天七点多就得出发，才能保证不迟到。奔波到公司，喝点水，上个洗手间，听着人来人往的打卡声，然后收拾心情。东一个会议，西一个交流，还有可能出现莫名其妙的突发事件，别看一整天有八个小时的工作时间，其实专注于工作的时间却不多，真心不多。

我的工作不是那种易于直接操作、不必过度思考的事，可以随时拾起和放下。我的写作思路一旦被打断，稿子基本就等于烂尾了。中断的创作过程就像中断的梦一样，你不可能在被突然打断后，又迅速接上之前的思路，你得重新酝酿感觉。

我不明白为什么有些人不去上班很正常，而我不喜欢奔波却成了件极不正常的事，就像一个热爱登山的人，永远理解不了喜欢宅在家的人一样。

我是不是完全没有奔波过？

不是，我小时候，要放牛打猪草时，我是不害怕走远路的。但是，这样的奔波本身就会看见收获。而把时间花在上下班路上，实在是种浪费，并且，每天如是，会让我对人生充满绝望。

那些动不动就跟我说“走两步又怎么了，不就半个多小时吗”的人，我真的不想跟他们解释什么，因为他们是不可能了解我的。

每一个人都有一些毛病，比如习惯对别人说“你看别人都能如何，你做不到所以你错了”这样的话。我想说，你不了解别人的状况，就没有资格对别人指手画脚。不能因为你是鱼，就说“你看别的鱼都和你一样在水里游来游去，而另一只鸟儿向往天空就罪不可恕”。

人生中有各种问题，有一些是意志问题，比如一个各方面都正常的人，每天进行适量的锻炼是可以做到的，如果他做不到，纯粹是因为动力不足。有一些是价值观问题，比如有的人认为一定要先拿到报酬才能开始工作，而有的人愿意先展示自己的能力再讨论收益。这两种观念都是可以因为环境或别的因素而改变的。但有一些问题，则是由于先天条件造成的，比如你不能指望一个没有手的人用手打字，不能指望没有鳍的鱼在水里游，没有翅膀的鸟在天上飞。

我极差的时间观念就是一种先天缺陷。

别人永远不懂我对某些琐事的反感。

我不想提着心睡觉，不想一到下午就惦记如何坐车回去，不想回去之后想着自己已经累了一天要好好休息了，然后一事无成、庸庸碌碌。我始终认为，一个要为一日三餐和住宿操太多心的人，不会有出息。我算过，单是每天折腾三餐饭，就要浪费至少三个小时，如果考虑点儿情调，再考虑点儿其他杂务，每天就得有五六个小时用来打理生活。

但是，你用的远远不止五六个小时，还有五六小时外，为这五六个小时操的心。但是，我完全没有这五六个小时，依然过得很好。生活真的就是一个选择。我的需求真的很简单，至于住所，可以简单洗漱、睡觉就行，至于饮食，可以简单果腹就行。

我不要再给生活增加不必要的负累。在他人看来很怪异的行为里，我真的节省了时间，不去逛街、看电影、旅游、喝咖啡，把这些时间用来看我喜欢的书，写我想写的东西，虽然没什么值得炫耀的成果，但我确实比同时入行的人，有了更具有特点的积累。至少，总是能让别人在我这里得到更多的解答和安慰。

我知道我不够好，但这个不够好的我，才能让我活得更好。

世上没有怀才不遇

人固有一死，所有人都一样，所以死最不重要；自己的所有感受构成生活的一切，所以感受最重要。

某个周末，我本来计划加班，不料有朋友打了电话来，一开口就对我进行各种指责，比如我不该太拼命工作啦，谁在关键时候是靠不住的……

我不明白，为什么在有些人眼里，全世界和绝大多数人都很坏。只要全世界没有都围着他转，这个世界就是错误的，而自己怀才不遇。在我看来，只有懒人的世界里，才会有很多的怀才不遇。只有懒人才会想当然地认为，工作只是为了生活，所以工作是工作，生活是生活。

我不认为把生活和工作严格分开的人是聪明人——我不知道

他们是怎么想的，居然不把每天超过三分之一的时间当成生活，而把工作视为纯粹谋生的苦役——这样的人生真的太不幸了，因为比起将工作当成娱乐的人来说，他的人生不止是少了一半的乐趣，还增加了一半的痛苦。

一般情况下，只有自己极不胜任或极度挑战性格偏好的工作，才会比较辛苦。要一个热爱种田的人去写作，肯定不妥当，要一个天生热爱思考的人去搬砖，当然也是一种摧残。这么极端的情况在现代社会少之又少。当代的人们几乎都能选择自己相对喜欢的工作，之所以后来发觉工作起来是那样的不悦，纯粹是因为理想和现实有差异而又不愿意为之付出努力。

要知道，这世界上没有毫无乐趣的工作，只有特别懒的人。

懒人无法从工作中获得两种自由：精神自由与物质自由。

这个道理并不难理解，如果你很熟悉自己的工作并且知道怎么能做得更好，你的内心会获得一种成就感。你要知道，自我实现需要是人的需求层次中最高层次的需要。一个人如果能在工作中充分发挥自己的创造力，为社会带来价值，不光能获得不错的物质收益，而且创造价值的过程本身就是极大的精神自由。

如果我们的精神自由或物质自由只能依赖外在的给予，换个说法叫作富贵闲人，那么，不难预见的是，没有任何人可以拥有这种自由。

叔本华的精神自由和物质自由是在日复一日的刻苦写作和阅读中才得到的。是的，任何自由都只能在创造中得到。虽然有时候，外界条件使得我们的选择极其有限，看上去似乎并不自由，但是，我们依然可以在有限的选择里，尽力创造，尽力拥有自由。

当然，精神自由还有另外一层含义，就是可以“尽可能少受限制地进行思考”。

举例来说，如果你一看到某个几乎成为常识的道理，就马上自以为是地来上一句：“大道理其实谁都懂。”但其实你往往没有进行更深层次的思考，这个简单但并非显然的道理的全部外延和内涵，你从来没有思考过或即使思考过也不得其法，那么，足以说明，你就是有点儿小钱，也只是个精神的囚徒，之所以没有觉得自己受限，不过是因为你不知道自己在“坐牢”罢了。生活迟早会告诉你，你以为的世界并不是这个世界的全部。

除了刚说过的创造中的自由外，物质自由大约就是和享受有关的了。很多年前，肯德基一直是我的奢侈品，吃一次庆丰包子还是我非常向往的事。有时忍不住买上五块钱的包子，事后就会暗骂自己乱用钱。后来，则是想吃肯德基就吃肯德基，想吃庆丰包子就吃庆丰包子，并且有一天竟然很意外地发现，庆丰包子好便宜啊！二十多块就能吃得很好了。现在则是想吃鱼火锅就喊朋友来请我吃鱼火锅，想吃麻辣香锅就跟我伟大的领导说自己其实不会为五斗米折腰但是为会某些菜品折腰，领导就会装着不知道我小九九地请我吃上一顿。我这算不算实现了某种程度的物质自由呢？

马云在斯坦福大学演讲的时候说自己要在美国生活一年，不为别的，只是觉得有点儿累。我顿时觉得我也很累，也想去美国生活一年。后来我发现人家马大师的英文水平和财务自由度我根本没法比时，吃得起肯德基、庆丰包子、鱼火锅和麻辣香锅的底气顿时蔫儿了。很显然，在选择自己想要的生活方式这一点儿上，我还远远不算自由。

并且我也会觉得，除非自己就是大领导，否则大领导今天让我做这个，明天让我做那个，我自己想做的事情就被无限延期了。想要点“Free Thinking”（自由思考的空间）看起来好难。

你想没想过，我们这些在“自强不息，厚德载物”“博学而笃志，切问而近思”，或“道器并重，兼有天下”等格言的滋润下成长起来的年轻人，到一个追逐利润，顶多不过是“不作恶”的企业去讨生活时，那种心理落差有多大！

但是，如果你完不成这种心理的转变，就不会在世界上找到归属感。在我看来，所有的没有机会和怀才不遇，都是一种偏执性格导致的不愿意努力。

未工作前，不懂得要看重结果。总觉得领导要理解我们的出发点，要理解我们的理想，只要他们肯支持我们的理想，我们就能任劳任怨，打出一片天下。

所以，有时看到工作要求是“result-oriented”（结果导向），颇不能理解，想：难道有人是不“result-oriented”的吗？但你工作之后，才会明白这个词组的真正含义：为达目的，不在乎过程，自己的感受最不重要。

所以有人曾重心长地对一个年轻人说：“事情做成了，但得罪了所有人，给你60分。所有人都喜欢你，但事情没做成，给你30分。”我谨记在心。好在我还深知，工作不同于生活。而自己的所有感受构成生活的一切，所以我的感受最重要。我认为工作和生活没必要分得太开，因为，如果你在每天八个小时的时间中都得不到满足的话，你就有很大可能在其他地方也得不到满足。

不要相信那些动不动就告诫你要如何生活的言论。

到现在，我还是相当喜欢我的工作，虽然其间也有无数不如意的环节。

适当的“无知”，能让你有所突破

人类有时需要无知的骄傲去开辟新天地。因为适当的无知，能让你的人生有所突破。

同事和我吐槽说，想不到一个新人竟然看不起我们做的书，肯定是嫌我们做的书太低端了。说话间，她不住地翻看自己被抨击的那本畅销书，各种咕哝，不是嫌体系混乱，就是后悔包装不好，最后直接质疑：难道这本书真的有挂羊头卖狗肉之嫌？

我只扭头看了她一眼，便又接着做手头的翻译。我有强迫症，无法接受错译、猜译、漏译和夹带私货、胡乱演绎的稿子。虽然该编辑声称收到稿子后感觉译得挺有道理的，但这“译得挺有道理”和“译得可信”“译得正确”是两回事。就“信、达、雅”的要求来说，这样的译稿，别说“达”和“雅”了，连“信”也没做到。

当然，我疑心这是报应，自己也曾经质疑过别人，给别人造成的痛苦，如今我要以同样的方式偿还。

同事见我不语,便又追问我对这件事的看法。我说:“很正常啊，她要看得起反而不正常了，年轻人不是总要看不起点儿什么吗?看不起什么不能证明她是正确的，看不起不需要什么本事，只需莽撞和无知。”

我看不起的很多人，现在都混得比我好。我曾经的看不起，是我现在的竭尽全力都做不到的。谁都有看不起的人或事，这么一想，世间能让我彻底看得起的人，实在没几个。

而那些装帧精美的书，我也真心没有几本是看上过的，不过是一些多愁善感的人写的一点儿无病呻吟的文字。一点儿谁都知道的肤浅道理夹杂其中，再配上几张45度仰望的忧伤清新照片，便能满足一大批内心无限空虚寂寞少年的需要。

你看，说到看不起什么，谁不是专家?

虽然看不起本身并改变不了别人受欢迎的事实。

虽然无知的看不起迟早会被现实教训得狗血一地，但是，如果这是附着于生物本能的特性，那么，无论它在面对现实的时候有多眼高手低，都是必然的。它必定是生物生存和自我优化的重要机制之一。

我们无知、莽撞、盲目地轻视和看不起他人，然后一次又一次因为不知天高地厚而吃尽苦头，被嘲笑、被讽刺，然后，被更加地看不起，但是我们还是会本能地就看不起什么。

这种盲目轻视，几乎是一种伴随终身的本能，这不科学，不合乎社会生物学啊。因为这样一种本能不适合人类自身演化的机制啊！

要知道，人类的行为和意识非常复杂，表面看到的东西，往往不是真相本身。有一个心理学实验，虽然不能说明人类这种生物的自我存续机制是如何运作的，却可以说明无知、莽撞和看不起的作用。

心理学家史蒂芬森用猴子进行道德实验。猴子和人一样，属于灵长目动物，大脑较为发达，虽然没有达到人类的智力水平，但也是自然界中最接近人的一种动物了。人与猴子的遗传基因96%以上是同源的。

史蒂芬森找来五只猴子，把它们关在一个笼子里，并在笼子上面放了一串香蕉。猴子看见香蕉，当然想要拿来吃掉。不过，实验人员在香蕉的附近装了一个自动装置，一旦侦测到有猴子试图去拿香蕉，就会自动向笼子里喷水。如此一来，只要有一只猴子想去拿香蕉，五只猴子全部都会被浇上冷水。

一开始，猴子们都不长记性，即使被冷水浇了，还是纷纷想去拿香蕉。不过，在每只猴子都尝试了几次之后，它们发现拿香蕉会给大家带来惩罚，所以它们就达成了一个共识：不要去拿香蕉，否则就会被水喷到。

这时候，我们就可以认为，猴子们形成了一种共识：为了大家的利益，不去碰香蕉。

接下来，实验人员将其中的一只猴子释放，换进去另一只猴子A。猴子A还不知道笼子里的规矩，看到香蕉就想要去拿，结果，猴子A被其他四只猴子摁倒在地，狠狠地打了一顿。猴子A显然不知道为什么拿香蕉就会挨打，但是它也不敢再尝试了。

接着，实验人员又把一只老猴子释放，换来另外一只新猴子B。猴子B和猴子A一样，刚进到笼子里，就因为去拿香蕉而遭到其他猴子的攻击。而且，猴子A虽然不明白为什么不许拿香蕉，但是它也加入到了制止猴子B的行列中。猴子B试了几次，每次都被惩罚，只好也断了拿香蕉的念头。

慢慢地，最初五只被水浇过的猴子都被新猴子替代了，可是所有猴子依旧不敢去动那串香蕉。这些猴子都不知道为什么不能拿香蕉，只知道只要去拿香蕉就会被打。

道德规范，就这样形成了。

人类的道德形成其实与猴群没什么分别。很多道德规范或法律，虽然我们并不能都理解为什么，但是也不会“越过红线”，因为它们已经内化为我们的一种自觉追求。

天气越来越热，笼子里的猴子们都想冲凉。这时候，终于出现了一个大胆的猴子X，它无意中碰到了香蕉，虽然被其他猴子暴打了一顿，但猴子们享受到了冲凉的乐趣。

我们的无知、莽撞和盲目的骄傲，于整体族群来说，其实是一种必需的冒险。正如总有一只企鹅得冒险下水探明危险或安全，别的企鹅才能决定是否要下水一样。社会进步需要我们有这种冒险精神，我们没有经验，但是，当经验对于进步是桎梏时，没有经验就是最大的优势。

原谅别人的骄傲吧！谁都需要一点儿无知的骄傲。现实会让每个人慢慢地变得谦虚，我们也不必因为他人的骄傲而自我否定。

人本当有点儿无知的骄傲，这个世界才会变得更有生气，适当的无知和莽撞，恰好是生命需要的突破和超越。

学会过自己的生活

所以你只要善于思考，不想当然地行事，很容易就可以超过80%的人。单是这一点，你就可以很厉害了。

相关数据显示，在全人类中能用简单且清楚的方式把问题想明白的人几乎不到4%。这4%的人，绝大多数最终选择了沉默或者成为负面力量的帮凶。从这个角度看待历史，可能会得到令人胆寒的结论：人类发展史就是极少数想明白了的人不停挣扎的同时，被绝大多数想不明白的人谩骂、侮辱、陷害、谋杀的历史。

不善于思考，又想获得判断力，该怎么办呢？那就只好“大家是这么认为的”或“谁谁是这样说的”。虽然用心理学来解释的话，这是一个合理的选择——更省时间。但是，拒绝独立思考不仅不省时间，恰恰相反，非常浪费时间，甚至浪费一生的时间。

很多人就是这样，坚持拒绝思考，然后用天下最累的方式生活而不自知。大哲学家罗素慨叹道：“很多人宁愿死也不愿思考，实际上，他们确实死得很快。”

我想起一个办英语培训学校的姑娘，其实某种程度上，像她这样年纪轻轻就投资数百万去创业的人，是非常有勇气的。由于要新开两门课程，她曾经一度想拉我入伙。当时我的个人状态虽然非常差，但还是愿意投入热情，奈何手上杂务太多，做课件所需的资料便由她为我整理。

她当然是投入了十二分的热情和期待，我呢，也有一份对赏识之恩的回报之心，所以，初时交流规划和设计颇为畅快，大方向的问题其实都好解决，最难的一环就是做这两门课程的课件。

一门是国学课，一门当然是逻辑课了——要推广这两门课，必须让人免费试听一两次，如何把这一两次免费课讲得生动有趣又能让人学到有用的方法，是最关键的。虽然随手就一个案例讲一节课难不倒我，但要一次讲足一小时甚至是数小时，还是很有挑战性的，必须把课程系统化后，分解出一个个比较有趣有料的小节，当然，一些与众不同又发人深省的互动环节也很重要。总之，课程的前期准备工程其实是相当浩大的，并且不难预见的是只能由我一力完成。

姑娘答应一切听我的安排，我需要什么只要开口就好。我的意思表达得很清楚：我需要初高中全部文言课程的资料，并且，古诗网上全都有，请她代我分类复制下来给我就好。她应允后，把这件事交给了助手打理。我内心其实蛮高兴的，因为我把我最讨厌的“剪刀加糨糊”这个环节给推脱出去了。这件事基本只算个体力活吧，勤快点儿的话，大半天就干完了，最不济，下午下班前完成应该也是没有问题的。

晚上，我收到了她助手的邮件，上帝，是个Excel表，我的心情跌到了谷底，但没有打开附件时还心存侥幸：可能人家习惯把文字资料也放Excel表里吧。只要资料齐全，能用就好。打开表格后我彻底死心了，里面只有标题，我没看错，真的只有标题！

我认为我可能没有交代清楚，于是第二天对她说，我需要全部文字资料，原文、注释、译文等，都复制下来。要让课讲得跟别人不一样，你得知道别人是怎么讲的，找出其间的谬误进行特别讲解，别人才会信服。她又爽快地同意了。我想这次，我说得够清楚了，应该没有问题了吧！

到了晚上的时候，她信心满满地说自己的助手多棒，把资料整理得多好。我听了也很高兴，如果还能特意为我分一下类，我会省很多心，因为我原是没有打算让她们连细节也照顾好的，能把基本资料整理给我就不错了。

再次打开邮件，仍旧只看见一个Excel表，上帝！真的只有一个Excel表，一个只是增加了标题分类而已的Excel表。我有些怒了，跟她说：没有课文附件，只有一个Excel表。

第三天她再次保证会按我的要求把资料发给我，我没有作声。晚上，她打来电话，告诉我资料真的弄好了。我打开邮件，还是一个Excel表，这一次，增加了年代、作者，但也仅仅是一个增加了一点儿不要紧的资料的Excel表。或许，她自始至终，都没有听明白我说的是什么吧？她也不曾对助手的工作进行监督检查。我不再回应，真的，再怎么让她修改下去，都是那个完全没有任何用处的Excel表。做了几十页的课件就此放弃，她的电话一概不接，她的留言一概不回。

现在回头来看，那段时间我的状态确实也很差，本就烦透了任何外界的打扰。公司的活都没好好干，只因她处于困难和理想的两难里，我才勉强答应帮忙的。我的要求不高，只是需要帮我完成一份资料复制工作罢了，连这也做不到，我还有什么心情坚持下去？

打网游，拖延症复发，但这些都不是她可以不按照我要求去做的借口。就算是现在，如果一件事经我反复交代都没有质的改进，我仍然不会有耐心。

别人可能都只是我们生活中细枝末节的琐碎，同样，我们也只是别人细枝末节的琐碎。我们用自己的全部，去成为别人的琐碎，盼的当然是一份可以满足我们全部期待的对待，谁知道，别人轻易就可以忽视甚至抛弃我们这些琐碎。如果我们不把自己这份琐碎做得足够光彩耀眼，那么，别人当然就会忽视我们，因为我们还无法引起别人的注意。

当弱酸的酸根与弱碱的阳离子同时存在于水溶液中时，弱酸的酸根水解生成的氢氧根离子，与弱碱的阳离子水解生成的氢离子反应生成水，而使两种离子的水解平衡向水解方向移动，互相促进水解的反应。

人与人之间交流也是如此，如果对方热烈，你也热烈回应，然后彼此就走向了更高级的热烈交流，交流变得更加畅通无阻。但如果只有一方认真热烈，那么，再大的热情，也会因为对方的冷漠，或基本化合条件不到位，而失去相互交流的可能性。

你要知道，人的大脑都想为自己保留足够的精力而会刻意忽视没有什么特别闪光点或刺激作用的东西，就像我们对一切琐碎也会本能地选择忽视一样。所以，听清楚别人的要求，把属于自己那份琐碎做到光彩耀眼，才有可能吸引别人的目光，就像你先对镜子微笑，才会看到镜子里的微笑一样。

不要高估别人的耐心

你的全部在别人眼里，不过是大千世界的一小点儿罢了，别人没义务为你分配耐心。

一个作者发的一段话说：“不要高估你的编辑”，我想说的是，不要高估别人的耐心，换你去试试看。一个编辑每天要经历的琐碎和纠结，几乎多次使得内心脆弱的我想自杀。有时，定一个书名要折腾几个月，有时，定一句文案要折腾几个月；有时，好不容易把一本书折腾到出片的境地，却又因为市场或别的原因终止出版。

我敢说，这几乎是我干过的最折磨心智的工作，当年只做简单而重复的单调工作时，那种可以走神的自由，那种你只要下了班就可以安然入睡的坦然，已经成为再也不可能拥有的快乐。当然，我并不是说我后悔做编辑了，恰恰相反，正是因为深爱这个行业，我才能坚持这么多年。

你当然可以说，你把辛苦熬夜写了很多天甚至很多年的稿子交给了我们啊！但真的不好意思，我们要同时面对很多个像你这样的作者。范冰冰版的《武媚娘传奇》中，李世民对武媚娘说："知道吗？她为了跳好"兰陵王"，整整练习了两个月，但我不在乎，因为这样的女子太多了，只要我想要，随时都有比她跳得更好的女子。"一个姑娘几个月甚至十几年的苦练，在一双见惯风月的眼里，根本算不上什么，他虽是帝王，即使有心，当面对"绝色绝艺"的三千佳丽时，也难免审美疲劳。除了女人，他的世界里还有家国天下，你奉上全部精彩，也未必就能换来他的耐心对待，更何况，你给的只是缺乏诚意的琐碎。

我曾到北大医院看过病，本来想着拔智齿是件极简单的事。不料光挂号就排了半天，只要一想起长长队伍那缓慢的进程，我就特别痛恨挂号窗口的柜员，你怎么那么慢？有的人要待上半天，才能挂上号。在我的印象中，挂号速度不应该这么慢的，挂号队伍不应该排这么长的。

快轮到我时，我几乎都要放弃了，或者说，我已经暗中放弃无数次了，要不是有前任男朋友监督着，我早就放弃了。我当然从来没有体谅过挂号窗口的柜员的艰辛。

后来便又是排队等做X光、等拔牙，做X光的科室也是人满为患，一大堆人在前面候着，十多分钟也不见叫一个，好像医生不在一样。这样的等待真的让人觉得非常煎熬，后来好不容易做完X光，然后拿到片子去拔牙。从早上6点就出门，等到下午才轮到我。

在拔牙过程中，听到一个医生说："昨天有个病人特别不易被麻醉，总是喊痛，结果手术做了快一个小时，才勉强把他的牙给弄了出来。"另一个医生则说："我这边就是人多，一直忙到晚上快六点，手都麻了，外头还有人等着，人太多了，没准哪个人出点儿意外状况，就得折腾很久……"两人在边工作边搭话的时候，一个病人嚷了起来："我从上午排到下午，究竟还要等多久？你们口腔科的混球，就不能快一点儿吗！"

医生派了个护士出去安抚，但是这个病人仍然不依不饶，说自己如何起了个大早来挂号，本来医生上午就可以给他做了，却故意把手术时间拖到了下午。现在都下午三点了,还是没有叫到他，所以他怒了。

其实，他不知道的是，跟他说下午再做的那个医生，已经忙到了中午12点多，而下午一点便又要开始新的手术，他只用了半个多小时匆匆吃了个快餐而已。是的，我们都很急，都在用自己的全部占用别人一个片段，但这并不意味着，我们投入了期待，别人就应该完全配合、满足我们。

我认识一个编辑，曾经同时和好几家公司竞争一个作者。这个作者要名有名，要钱有钱，所以，只一味地提高稿酬，根本打动不了他。想约谈根本约不来，因为人家有更大的事，要做节目，要到处去签售，总是没有时间，总之，就是很难搞。

但这个编辑特别欣赏这个作者，把他所有的文章读了一遍并都附上了批注和心得后，忽然就得到了那个作者的回应，再然后，几经交流,终于感动了那个作者,签下了合同。谁说编辑没有耐心?

你们在抱怨不能高估编辑的时候，有没有想过自己的稿子质量不过关，改半年都出不来，并且要文采没文采，要内容没内容，三五个月甚至一年才出来，仅图卖个基本销量，编辑怎么可能在你身上分配太多的耐心？编辑需要找一些大作者才能完成码洋任务和出版任务。即使倾尽全力打造你，你也会觉得我们隐瞒销量，亏待了你，不知道招到了你多少怨恨。你在我们这儿得到了报酬和名气，可以随时抽身离开，而我们一年要做至少两百本书，你又能占多少比重？光是想想这点儿，那种不断责备我们不愿意去培养和成全你的作者，是不是有点儿过分?

任何人都只是别人生命中的某个环节而已，我们也只是你漫长人生中的一个台阶，今天心情愉快了，合作一把，明天心情不愉快了，没准永不相见。

只是想真诚地告诉你，任何其他行业的任何合作，想要优秀就要肯付出、肯拼命，努力把自己打造得最好，而不是成为一个可有可无的替代品，你才有可能赢得所谓的耐心。

别总以为自己与众不同

有人说，世上与众不同的人很多很多，不止你一个。世上所有的人都是与众不同的，至少在这点上，你已经没有什么与众不同。

你我和绝大多数人一样，接受了最基本的教育，走在最多人走的路上，却一直幻想着自己与绝大多数人不同，常常走着走着就走到了岔路上，但结果只是殊途同归。因为所有的岔路都通向同一个出口，我们只是花费了更多的时间罢了。

更让你失望的真相就是，在别人的眼里，我们不过是同一条路上的甲乙丙丁，可以被忽视、被轻视，甚至被讨厌——我们自以为通过努力比别人优秀了，或本来就比别人优秀，其实不过还是别人眼中的普通人而已。

一个姑娘曾说，自己长得很漂亮，男朋友追得很紧，也因为长得很漂亮，所以各种“作”一直被男朋友包容，但没有想到，在她快升级为老婆时，却发现男朋友出轨已久。这个姑娘在一篇文章中通篇都在强调自己长得漂亮，我没有见过真人，只见过照片，感觉不过尔尔——当然，不排除她可能是别人眼中的美女。不过我对不断强调自己某方面特点的人一般都深表怀疑。

她的逻辑也很奇怪，难道女朋友长得漂亮，男朋友就不会出轨了吗？难道老婆很优秀，老公就不会见异思迁了吗？永远不要忘记，异性数量是雄性的追求之一，只是一些人的约束力比较强，而另一些人自控力比较弱罢了。

美女是稀缺资源，但不是唯一资源，这是常识。

看过她照片的人都说她顶多只有路人水平，她便为自己辩解，不是说“人都习惯于贬低别人”，便说“照片没有本人好看”云云，反正，她就是“美女”。为了证明追自己的人多，凡是和她说过话的异性都被列入追求者名单，无论人家与之说话是不是只与业务有关联。能把毫无勾搭意味和挑逗意味的话都听出仰慕的味道来，这个“美女”执着症不轻。

当然，女人幻想自己漂亮是本能，毕竟美在生活中确实会增加很多便利性。比如总是会有人帮你提行李，总是有人要请你吃饭，QQ签名说句“我没钱”，便有奇怪的人让你把银行账号发过来，随便抱怨一句“我活不下去了”，便有前任深情款款地说：“我有房子你回来吧”，等等。仿佛有了美就有了不劳而获的资本。

臆想归臆想，生活却不是靠臆想继续的，还是要学会认清现实。真美女可以不劳而获，臆想的美女是不能的。且幻想的最大的坏处是：你本要通过努力才能得到的一切，都会因为只想不劳而获而永远得不到，结果，你当然会过得很苦闷了。

动不动就把别人礼貌性的赞美当成现实，是件很不靠谱的事。

比如，我曾经也因为老有人说我比刘亦菲还漂亮，然后就为自己的命运鸣不平：苍天啊！我有着比刘亦菲还漂亮的容颜，却没有刘亦菲活得精彩，生活是多么的不公平啊！年岁渐长，才慢慢接受了自己只是个普通人这个事实。何必非要强迫别人承认自己是美女，让别人不舒服，自己也失望呢？你以为的你，真的是你吗？

说到这里，突然想起自己曾无意间听到隔壁姑娘给搬家公司的人打电话："你说你，我一个漂亮小姑娘，你竟要收我四百块！"这句话硬是让我把刚吃到嘴里的面条给喷了出来。这是哪门子逻辑？你漂亮，别人就不该收钱？再说，电话那头的人，如何确定你是个漂亮姑娘？

当然，我也能理解姑娘们为什么会觉得自己漂亮，除了本来就认可自己，又成天在镜子里欣赏自己、关注自己，当然越看越顺眼，难免发现一两处可爱的地方。但想要让路人匆匆一瞥间就能跟自己有同样的发现，可能性太小。

其实，由于我们只能从自己的感受和臆想方面来评价自己，并且我们经历了全部的自己，所以，我们还是比别人更懂得自己好在哪儿。别人只能截取我们整体中的一个片断，而且是浮光掠影中截取的一个片段，所以，和你心中那个完整的自己，可能根本不相符。

比如，我觉得我虽然不算漂亮，但也有自己的清秀，至少大部分人都不会讨厌我。但假如你是一个身高控的话，你看到我的第一反应一定是：这个女人真矮！跟我相处时间长了，你可能会觉得我喜怒无常、不可靠，有点儿心事都写在脸上了——虽然我觉得自己是个很有城府的人，胸有惊雷而面若平湖，因为我控制了至少99%的情绪没有发作，只暴露了1%；我还认为自己是个很“聪明”的人，但我那张包子脸，让人一看就是笨得被人卖了还帮人数钱的人。

对于每个只专注于自我感受的人来说，外界的纷扰，即使极小，也能引起极大的内心起伏。所以，即使我们压抑了自己的很多情绪，对他人造成的影响也会足够大。

别让臆想害了生活，时时借助客观世界，纠正自己的自我认同，是人生的必修课。尤其是那些让人无语的自我认同，比如我是个漂亮女人啦，我本心很好只是脾气不好啦，我很优秀只是你们不懂我啦，等等。

接受自己只是一个普通人的事实，像普通人那样去爱、去恨，像普通人那样坦然地接受自己的不完美，理解自己的心愿和渴望。同时，我们知道，虽然自己是普通人，但还是希望在某些人心里我们是特别的存在，还是希望拥有不俗的成就，我们的很多梦想，只能自己去争取，去努力奋斗，才能实现。

也许，在你心平气和地奋斗时，会有人发现你与众不同的品质，也许，这一份心平气和的奋斗，到最后成全了你的与众不同。或许有时候，认命就是最好的拼命。

第五章

你要始终相信努力奋斗的意义

付出与所得，永远是匹配的

生活从来不会欺骗任何人。你的所得一定配得上你的努力。

出地铁的时候，常常看见一帮年轻人，顶着严寒酷暑一张一张地发传单。我知道，就他们站那半天，大约可以挣得五十到一百元。不算多，却也绝不少，甚至在绝对价值上只多不少。但我知道，这份报酬于他们来说是微薄的，是让他们不甘心的。

我记得自己曾经带过一个年轻小男生，他来我们公司应聘时，不断地询问工资构成，具体有哪些福利，工资什么时间发，等等，由于纠结于基本工资太低，所以他迟迟未能入职。后来，大约是原单位实在混不下去了，就带着一丝勉强，来我们公司办理了入职手续。

他说："我得保障我最基本的生活，你看，现在这工资，除去房租、交通费和餐费，什么都剩不下，我总得买点儿衣服吧，我总得请个客吧，这样的待遇，让我没有一点儿周转的余地。”

谁不想有一份周转充裕的薪资呢？要求一份基本生活保障，于人性来说自然是理所当然的。只是有些人“基本生活保障”的标准比较高，比如年薪不低于十万才能活得下去啦，比如至少得开着宾利车，带着倾国资色周游世界啦，这样的“基本生活保障”虽然未必不合理，但真的很难实现。

在一个人没有工作能力的时候，我认为，其实不配索取比自己能创造的价值更多的利益。

月薪一个月三四千，对在北上广这样的大都市漂泊的人来说，租房子只能租偏远的或条件差的，吃饭只能吃快餐或自己做的。买不起好衣服，交不起酒肉朋友，这点儿钱确实只算勉强活下去的保障。但在你不能创造价值之前，这基本生活保障，你真的配拥有吗？

一个没有生存能力的人要想生存下去，只能依靠别人的施舍或付出。我们从有生命那刻起，便在仰仗家人的付出，从没有自理能力到终于可以独立生活，我们依赖的是家人的付出，依赖的是家人的爱护。我们理所当然地接受他们的爱护，也理所当然地要承担相应的责任。

除了家人，没有谁有义务为你无偿付出。人们为了达成一定的目标，彼此之间要相互合作，我以我多余的交换我缺少的，你以你多余的交换你缺少的。如果你的所缺，恰是我的所余，你我便可协商一个交易条件，把我们的合作进行下去，而不是一方无条件地付出，另一方无条件地接受。我们的工作关系亦如是。

据说，一个人所创造的价值最少得是他工资的五倍，因为场地租金、运营成本以及种种其他成本加起来是其工资的5倍。我们到手的每1000块钱，都意味着公司要支付5000块钱的成本，这还不包括公司的经营风险。假如公司以1000块钱的价格招你进来，你却终日闲聊、上网、打游戏，大事儿不会干，小事儿不想干，还时不时给公司添点儿麻烦，唯一的期盼就是像例假一样准时的发薪日。使用着公司的办公资源，浪费着公司的运营成本，稍有难度的工作，你不是干不了，就是不愿意干，还动不动就抱怨自己“起得比鸡早，吃得比猪糟”。

其实，在我们没有生存能力的时候，是连吃得比猪糟的资格都没有的。我们唯一可以倚恃的，不过是公司不得不为员工提供一定的试错机会。

二八定律不仅适用于商业，也适用于职场。20%的人创造了80%的利润，而另外80%的人只创造了20%的利润，他们常常跑到一家公司混了三五个月，占了人家场地，用了人家资源，浪费了人家的时间后，却以一副被公司亏待了的委屈模样离开。其实，一个没有生存能力却动不动就要什么最低生存保障的人与劫匪无异。面对劫匪，即使我们心有不甘，也不得不乖乖地把钱交出去，同样地，即使我们力有不逮，公司也会照常给我们发工资。

其实，公司与员工之间，一直是一种纯理论而不是事实上的对等关系。无论员工有没有创造出价值，甚至不仅没有创造出价值还拖延了进度，只要到了发薪日，公司就得发工资，也正是由于这种原因，很多人能在公司得过且过。或许他们太麻木、太自私，只关心自己的利益，而不关心自己的能力是不是配得上这份收入。

很多年轻人都不知道，公司对他们的每一份投资，都是因为相信他们在未来能为公司带来收益。他们也不知道，对工作一无所知的自己，在公司会浪费多大的培训成本。记得纪录片《寿司之神》中，一个员工足足练习了四个月，才终于学会了一种技能。也就是说，在他进入四个月后，才终于可以用自己的技能为这家寿司店赚钱了。

有时，只要稍微思考一下，就会知道，只要公司运转正常，无论你的能力如何，无论你自己多混账，公司都没有对你背信弃义过。

虽然说公司不是慈善机构，但公司依然在很大程度上给了我们慈悲。在我们本来没有基本生存能力、不配要求基本生活保障时，公司给了我们一份可以保障基本生活的工资——尽管可能只是基础的。

感激给了我们机会的人，没有他们，我们无法在摔打中成长。

感谢带给我们折磨的工作，正是那些千锤万凿练就了我们可以将烈火焚烧视若等闲的能力。

千万不要把实现梦想的方法和梦想本身混为一谈，也千万不要以你还一无所能时的所得与梦想中的收入对比，更不要因本事还配不上奢望而抱怨自己怀才不遇。

生活从来不会欺骗任何人。你的所得，一定配得上你的努力。

所以，在你还没有付出足够努力时，在你还未曾证明自己时，抓住能发挥所长的机会，比斤斤计较于一份薪水重要得多。所以，从现在开始，请重塑你的职场观念。

别总想着不劳而获

在这个真实的世界里，你必须像狮子一样凶猛地活着，只有独自坚强、独自战斗，才有可能实现梦想。一句话，别幻想着依靠谁了。

是的，我知道，如果可以，你会选择随心所欲的生活，不用早起，不必看老板脸色，在遇到挫折以后不用理睬“越挫越勇”“失败是成功之母”之类的说辞，只要蹲下来环抱双腿慢慢疗伤就好。但我更知道，即使有一千次意志消沉、自暴自弃，依然会选择一千零一次坚强的人，才会拥有自己想要的一切。

一个朋友的女儿喜欢舞蹈，于是，这个朋友就给女儿报了舞蹈学习班。但没过多久，女儿便回来了，因为学舞蹈很苦。朋友苦笑了一下说：当初不同意你去学舞蹈，就是怕你坚持不下去，你哭着闹着非要去，这才几天就动摇了。不要只看到了别人的光鲜，却没有看到光鲜背后的艰辛。

趋乐避苦是人的本能。但本能只是一种预设程序。一台电脑，除了需要一套硬件，还需要安装一套软件，才能运行起来。如果硬件很好而软件不好，虽然也能用，但肯定没法使效用最大化。

比如，售价十多万的笔记本，但是你只装了个32位的XP系统，硬件的很多功能就用不了或发挥不出最大作用。反过来，如果系统很好而硬件不好，就经常容易死机，一台586的电脑装上Windows10只会不断地蓝屏。

我们的身体就像电脑的硬件，我们的认知模式就像电脑的软件。在母亲肚子里的时候，我们的心智系统就开始不断被写入本能认知程序，到我们出生时，这套本能认知程序就装载完毕并开始独立运行。

自觉不自觉，我们都一直在这套程序的指挥下运行着。

无论你相信不相信，你的本能程序一直在运行。比如你对家庭的思考，比如你对人生意义的思考，比如你累了要伸伸懒腰。你没有刻意为之却无时无刻不在运动之中，就是因为很多程序在后台运行着。

这套程序只是底层驱动程序，虽然其上安装有办公软件，也有一些游戏软件，但是，它可能有漏洞，所以要时不时打补丁进行更新，很多辅助软件还要去别的地方下载、安装。本能程序只是最基本的初装程序。除了有种种缺失之外，还有一种悲催的可能：装错了。系统和硬件不合适，所以机器一直不好使。

所以，人的一生，恰是新装程序与本能程序兼容、斗争的一生。谁能将自己的本能调校或优化得更高级、更智慧，谁就能战胜更多的人性缺点。遇到挫折、拒绝和痛苦时，想要逃避，一点都不可耻，那并不意味着你没有能力、不够勇敢、不够坚强。如小说《1984》里：

“痛楚本身，”他说，“并不够。有的时候一个人能够咬紧牙关不怕痛，即使到了要痛死的程度。但是对每一个人来说，都各有不能忍受的事情——连想也不能想的事情。这并不牵涉到勇敢和怯懦问题。要是你从高处跌下来时抓住一根绳子，这并不是怯懦。要是你从水底浮上水面来，尽量吸一口气，这也并不是怯懦。这不过是一种无法不服从的本能。”

只有那些在恐惧中依然坚强、执着的人，才算是有意志力，也才有可能实现自己的梦想。

陈燕妮的《遭遇美国》介绍了中国人去美国之后的经历，其中，演员王洛勇的故事颇让人动容：

1991年，已经是威斯康星大学教授的王洛勇，想去演《西贡小姐》中的主角皮条客Engineer一角，于是费尽周折，见到了导演克利夫。试戏时，王洛勇试唱了一段百老汇音乐剧《南太平洋》，他对自己的唱功是很有信心的，但没想到克利夫打断了他的演唱，说《南太平洋》太抒情，不吻合皮条客的气质。

王洛勇只好重新选了一个曲目，又去试唱，结果又被拒绝了。

无奈之下，他做了一个破釜沉舟的决定：辞去学校的工作，从一个普通演员开始，和自己的学生去竞争，一点一点地走进美国演艺圈，一点一点地闯入百老汇。他相信：苦心人，天不负。

但若要在美国唱音乐剧，你首先要有一口流利而纯正的英语。为了矫正他的发音，有位教授用红酒的软木塞，做了一串像钥匙的东西，让他咬着软木塞发音。后来，他在海边玩时，感觉坚硬的小石头比软木塞好，于是，从此以后，就把石头含在嘴里，天天练发音。

就这样，屡败屡战，他先后闯荡了8次。

四年以后，他终于得到百老汇请他演《西贡小姐》的皮条客Engineer的通知，站在了梦寐以求的，象征着世界戏剧最高水平的百老汇舞台上。

他说："要想做一名真正的艺术家，必须过一种非常自律的生活，你只有付出比别人多的勤奋，幸运之神才会眷顾于你。"

这个世界没有不劳而获这回事，所以才伟人少而俗人多；受得了别人都受不了的苦，才能做人们心目中的男神或女神。

我很喜欢朋友这句话："女神都是能人，能人就是苦人。"能从苦和累中挺过来的人，才会拥有属于自己的舞台。

你要相信你很强大

既然没有福气死于“一事无成”，那就选择奋斗到底。

“这个世界是一无所有的人创造的”，我在中央人民广播电台录节目时这么说过。一无所有的人，没有了后路，他们想要的一切，都必须自己去争取和创造。所以，一个出身一般的年轻人，要接受自己的命运：不要当米虫，不可以不作为，因为你没有福气死于一事无成。

很多人都有和我一样的问题：懒惰、懦弱、执行力差、怕苦怕痛——但是，只要一想到命运对自己下过的无数狠手，只要一想到自己在某些方面还能执着坚持，我就感觉，所谓执行力差，可能只是我的心态有问题而已。

我并非懒得不可救药。记得小时候，为了分担母亲的辛劳，我可以以十三岁的娇弱身躯挑起一百斤的水桶，可以半夜起来到秋收的稻田里去收割稻谷，在所有小伙伴都穿着棉鞋跳绳玩皮筋的冬日，赤着脚在露重天色晚的野外劳动……我还记得我在做饭时，总是悄悄地给她碗里弄一个鸡蛋，当然母亲总是给弟弟吃了。那种不公平的爱，是怎样地伤害着一个孩子的心！很多时候，我们怕的不是穷苦，而是因等级划分而产生的不公平的物质分配，所以《论语》才说："不患寡而患不均。"

我也不是完全不勇敢。记得小时候，妹妹犯了一个比较严重的错误，父亲气得拿了刀要剁她的手，说要没人担保她以后不再犯错，就把她废了。母亲怎么拦都拦不住，平素见到父亲就发抖的我，跪在父亲面前声泪俱下："爸爸，你砍我的手吧，我保证，妹妹以后不会偷钱了！"急红了眼的父亲惊讶地看着我，情绪慢慢平复了下来，我以为我要挨打了，因为一般情况下他是动不动就揍我的，结果竟然没有，他只是把妹妹教训了一通。我可怜的母亲也止住了泪水。后来，母亲告诉我说："你父亲说，没想到你这个平时胆小懦弱、不合群又不说话的怪物，竟然这么有担当力。"

我没有说话——和家人在一起时我通常很少说话，只是心里想：你哪儿知道我当时多害怕手被剁啊！我只是想着如果一定要有一个人被剁的话，那就剁我吧，妹妹平时虽然让我很不爽，但是她毕竟是我的妹妹啊！

后来参加工作了，公司搞一个拓展训练，其间有个高空断桥和一个高空抓杠的活动，有恐高症的我蹲在高杠下抖了半天，向教练请求能不能放弃。教练说，你可以抓不住，但你不可以不跳。又说了一堆鼓励的话，如：你是公司里最聪明的姑娘啦（因为我在之前的智力游戏中表现突出），相信自己啦……看来，不跳不行了，大不了掉下去摔死，这样你们满意了吧？然后我把心一横，躬着颤抖的身子咬牙向上一跃，竟然抓住了，而且成为那个训练里唯一一个成功完成高空抓杠的人，那么多男子都抓空了。

这让我想起和一个作者的合作过程，他的强势让我几乎在每一次约见时，都害怕得发抖，但实际是，几乎每一次我都完成了一个既定目标。

第一次，虽然交谈不多，但成功约到他见面；第二次，非常顺利地完成了签约。

他答应，条件由我定，规则由我定，他只负责签字，这样的作者我还是第一次遇上。他完全不看合同，说随便我，以至于我有点儿后悔，早知如此，我在合同上填成零报酬多好！当然这么做不厚道，主要是，我们也不能让别人伤心，虽然人家不在乎钱，但是，做人太过分也不行。

很多义无反顾或勇往直前，其实带着那么一点点“战战兢兢，如临深渊，如履薄冰”的不安，我没有想过自己可以搞定这个行业内以不合作著称的作者，所以事前才那么恐惧。

有时候，即使是很小的问题也需要你付出极大的努力，因为你要克服极大的心理恐惧。所以无数励志书都首先要求我们突破自己的恐惧。

这可能吗？不可能。我们根本无法避免恐惧心理。其实不用拒绝恐惧，要拒绝的是因为恐惧而不敢去尝试的心态。

你要相信你很强大，要用责任感去保护和成全你爱的所有人。既然没有福气死于“一事无成”，那就选择奋斗到底吧！

不要等一切就绪，才行动

种种现实，包括“完美永不存在”“未知永远存在”，都既清楚又简单，你必须要接受。不仅要接受，还要牢记；不仅要牢记，还要坚信。

一旦决定独自奋斗了，你会发现，很多事都无法准备周全才开始，还有很多事，你完全没有准备，就得去做。

一天晚上，由于要为一本新书做宣传，我依约到了中央人民广播电台，参加《品味书香》节目的录制。

当时，我一点儿准备都没有。本来想着做完一篇难缠的译稿，就赶紧准备一下，谁想稿子快结束时，领导突然叫开会，打断了我的计划。我很窝火，因为那段时间每天都有会，一周连三个有效的工作日都没有，最郁闷的是，这个会比预期要漫长得多，熬到最后，我几乎要掀桌子了。没好气地离开了会议室，我差点儿决定不去录这档节目了。

不过，马老师的电话起到了很好的情绪安抚作用，连续三五次电话沟通加上自我调适后，我妥协了，还是去吧！至少能被邀请去央广的人不算多吧，反正从公司回家也要经过南礼士路，就当回家路上开了个小差。

八点半，在央广门口，我见到了略有小胖但温厚儒雅的节目主持人马老师。

我是第一次做广播节目，完全不知道要说什么主题，不免有些紧张，加上我素来惧怕与人交流，感觉铁定会搞砸的。他像一个长者一样安慰我：别怕，就当一次普通的聊天。随后七弯八拐地走到了他的办公区，好一阵苦苦等待。

人在等待中会倾向于自我贬低、胡乱猜测：是不是我这里不好啦，是不是我那儿不行啦，是不是他对我有什么意见啦。而且，我已经提前和他说过了，由于昨天太忙，所以对录节目没有任何准备。他没理会，只说自己忙，要我等。

熬到9点，“可恶”的小马老师总算走出来了，说:“我先进去，你大概9∶11到9∶13的时候进来，我会叫你。”

我在忐忑中愤怒了：“一个毫无经验的人，在完全没有准备的情况下就进行节目录制，而且还是全国直播，你知道她会有多恨你这个合作者吗？你好歹提前透露点儿什么吧？”

9∶11，马老师叫我进去，然后再次安抚我说：“别紧张，就像平时聊天一样。”

他不知道的是，每当我生完气，就不紧张了，而是想着报复：你让我不爽，我就让你知道，如果你要找我出书，我不会给你太优厚的条件。

这期节目，纯粹是我个人的情绪发泄，期间有好多次逻辑断裂：大谈不要计较最初回报，好多作者因太关注眼前利益而做出了错误选择，从而埋没了自己，等。

节目结束后，马老师饶有兴趣地和我聊起了他的人生经历：他原本只是个汽车维修工，经过努力奋斗成了中央人民广播电台十大优秀主持人之一……

我相信，以他的文字功底，一定能写出很好的书。

聊节目我不行，聊宇宙或人生，那就是我的部门领导大人附体——太能扯了。聊天中我发现马老师对我的赞许和佩服。他告诉我说有出版社一直在约他写书，但是他没考虑清楚跟哪家出版社合作，我以绝对的精神力量碾压过去：他们都不懂你。后面的交流非常愉快，我几乎可以肯定，我又找到了一个不错的作者，接下来唯一的期望是，尽快达成合作意向。

后来，听我节目的朋友和粉丝说，虽然声音有点儿怯，但是发挥得还不错。我想了想，除了几次前言不搭后语之外，其实基本也还过得去。

如果你在专业领域积累了足够多的知识和经验，即使有突如其来的任务，也不会是多大的挑战。完全没有准备也可以去做，只要你有足够的专业素养，总有办法在做的过程中，取得主导权。

我之所以还能临场有所发挥，是因为我对心理学很熟悉，知道如何把高深的心理学理论转化为通俗易懂的生活语言，练就了从日常事例入手讲出大道理的能力。临场发挥的前提是扎实的专业素养，包括知识、逻辑和融会能力，只有当你接触并融会得足够多，你才能信手拈来，并且言之有理。

勇敢地走出“舒适区”

出身不好，可能意味着长辈混得不够好，更可能意味着长辈某些思维不行，想要改变命运，就要摆脱他们的思维惯性。

在这个世界上，有太多如李晨（我曾经的朋友）一样的年轻人，没有良好的家世，没有明智的双亲。虽然几年的职场生涯也终于让他承认，自己一直引以为傲的高智商，其实不过是自作聪明，但他仍旧有一份对未来的期望，他始终相信自己想要的一切，都可以通过努力去获得。

毕业后，原本学IT的他在考试中过五关斩六将，如愿以偿成了一名公务员。不能说他工作有多努力，但至少是兢兢业业的，本职工作从来没有因为个人原因而落下过。甚至，由于清楚自己没有靠山，他在人际关系的走动上更加殷勤和小心翼翼。即使是在一个论资排辈的晋升体系里，决定一个人前途的，不仅仅是时间。

他第一次深深地为自己的出身而痛苦。

如果一切按部就班，应该也能过上比上不足比下有余的安稳生活。没想到突然的政策变动，使得他必须选择调岗或退出。对于一个在权力系统中举目无亲的人来说，面对命运的捉弄，连一段可以攀附的关系都找不到——上初中时，家里穷得只能供一个人上学，姐姐只好像其他农村女孩一样，南下打工供他读书，然后早早地嫁人了。几年大学读下来，这个赤贫之家已是负债累累，工作之后的李晨唯一的人生目标就是还债。

别人把“魔兽世界”和“红色警戒”之类的网络游戏都玩腻了，他却连键盘都还没有摸过。别人野心勃勃地筹划着“创业”时，他只想有一份相对安稳的工作。一些别人唾手可得的东西，他即使付出巨大的努力也无法拥有，出身的差距是如此之大。

对有些人来说，选择创业是可进可退可攻可守的一步棋，启动资金有三亲六眷帮忙筹集，就算铩羽而归，父母的温暖和帮助也永远不会落空。而有的人的创业，一旦失败，就会万劫不复。只要一想到每年夏天，为了节省几百块钱的收割费，父母要忍着浑身的酸痛在大日头下收割农作物，他就觉得自己没有资格去造梦。

是啊，你穿着借来的衣服完成了第一次面试，戴着借来的手表与心爱的女孩进行了第一次约会。同样是大学同学，有的人因为出身好，很容易就能拿到数额巨大的天使投资，从此叱咤商海，你却只能穿越大半个北京城，去做一份家教。没错，你干着技术含量极低的工作，但是，你只有如此，才能维系租来的立锥之地。

人生最痛苦的地方就在于，明明已经无法忍受却还要忍受下去。但人生最大的契机也在于你终于忍不下去了，痛得必须改变。如果一个地方，既不能提供一定程度的物质保障，又不能帮你接近梦想，那么，于一个不甘平庸、不甘沉沦的年轻人来说，逃离就是唯一的选择！

所以，当你在早上看见一群西装革履的人拎着苹果笔记本奋力挤上车费4毛钱的公交车，千万别奇怪，那就是一群“李晨们”。餐费、交通费、房租等，都是不小的开支。写字楼的套餐，因为价格偏高，几乎无人问津。午餐时间，最抢手的是各层拐角处的微波炉，白领们端着带来的便当，排起了长长的队伍；这些月入近万的人士节约到了抠门的程度，10块钱的感冒药都会有人找保险公司理赔；因为18:00后返程能多得15元的晚餐补助，有人宁愿在脏乱差的火车站耗上好几个小时。

所谓的拿时间换空间，不过是安慰一无所有的人的谎言，人生的价值，原本就在于自由支配时间。

你不知道的一切，不管你愿意不愿意，生活都会强迫你知道。

没学过经济学原理？没关系，生活生动地阐释了什么叫资产泡沫与流动性泛滥。

“北京房价应该下降30%，上海房价应该下降40%。”

于是，一些“李晨们”栖身于温暾的空方阵营，而另一些“李晨们”得到了专业指点：赶快买，房价还会涨。买房的消息传回老家，父母一个劲儿地唏嘘：抵得上俺们忙活大半辈子。在他们看来，北京的房价是个天文数字。几年以后，你才明白，有时候，踏空的不仅是某个市场，更是整个人生。

当你一无所有时，你要对抗的，是对保障的极度渴望。弱者对安全感的渴求局限了他们的思维，他们习惯把人民币紧紧捏在手中，痴迷于存折上数字的增长，在该买房时租房，在该还贷时宁可忍受7%的贷款利率，也要存上5年的定期。看着辛苦赚来的钱在银行账户中缩水贬值，却又在房价的巅峰处，无可奈何地接下最后一棒。或许，还曾天真地许愿，赚够多少钱就告老还乡。

多年以后，我撞见了李晨，早上7:00。他的手里，提着与身份不相称的简陋便当。

“太忙了，随便对付着吃两口。像我这样的出身，只有比大多数人都努力，才能勉强维持基本的体面。”他说。他正在筹备一个估值近亿元的游戏开发项目，他相信，由于银行保险的推出，股市与创业都迎来了一个百年难得一见的机遇，他成不了李彦宏，成不了巴菲特，但是，依然充满希望。

此时，与他同样出身的公务员，拿着不足五千的月薪，感慨人生不如意者十之八九。

有时，生活只需要一点点勇敢。但是，逃离一份安稳是多么的难。盘根错节的社会关系以及可以预见的各种不安定因素，都是使一个人在理想面前退缩的原因。很多时候，正是那份保障，桎梏了生活的可能性。

太过关注脚下的麦田，就会错过璀璨的星空。

财富只有在流通中才能增值，人的创造力也是。当生活给了我们一个低的起点时，我们唯一正确的选择就是拒绝这份微不足道的保障，离开安稳，离开习以为常，才能让创造力流通成理想。

你要相信努力奋斗的意义

你认为自己是什么不重要，你只需要相信，自己确定可以变得比从前好，甚至，变得比很多人好，只要你始终相信努力奋斗的意义。

我始终以为，能把奋斗当成信念的人，一定是通透的，需要有相当阅历的，但《我比任何人都相信努力奋斗的意义》一书的作者却很年轻，才21岁，举止间有着超越年龄的稳重，这样的姑娘，天生就该过得风生水起。

看到年轻的她，我不禁汗颜了，我21岁的时候在做什么呢？

显然，作为“不良少女”的我，压根儿都没有想过奋斗。我总以为，一个女人只要貌美如花，就应该拥有一切精彩。所以，我的全部心思，都用在了那时颇有几分清纯的小脸上，身后跟着一个唯命是从的男友，身边还围着各类欣赏我“思想和才华”的老少文青。不得不承认，我也在奋斗，只是奋斗错了方向。

结果我当然“死”得很惨，最有活力、最该吃苦的年纪里，我唯一的“成就”是，男朋友数量很可观。看到这个年轻的作者，我便想起了被我浪掷的青春。然后我又开始本能地、不由自主地怨恨起我的家人来，他们直到现在还因为我没有嫁个有钱人，过上混吃等死的米虫生活而遗憾。是他们让我泯灭了独立自强的意识，是他们让我以为只有一条出路能改变命运：用一个女人最原始的资本去换取一世岁月安稳。

不得不承认，对于这种人格的戕害，我可能永远不会释怀。尽管，理论上，我已经能找出各种为他们开脱的理由，但那只是理论上的。

假如我21岁就懂得努力奋斗的意义，我的人生一定是另一番景象，并且我相信那会精彩得多。只是，人生没有假如，只有错过和错过的遗憾。当然，我始终相信，人在任何时候的任何选择，都是他（她）自身条件集合下的最优选择。假如我命中注定要在这个时间、这个地点谈奋斗、谈理想，那么，不管是否有不明智的父母，我始终会到达此时此处，只不过经历的可能是另一种起伏。

我想说的是，无论你曾经历过什么，无论你有多少遗憾，你不一定就能避免成为现在的你。与其抱怨家境或追悔过去，或沉沦在与别人比较时的自卑里，不如从现在开始，相信只要自己肯努力，总能收获一份报偿。

敬一丹说过：“真的想改变，永远不嫌晚。”这话与其说有理，不如说鸡血。但是，只要我们真的愿意改变自己，仍然可以让未来变得好一些，更好一些。

不必横向比家庭、比曾经、比当下。有一些东西，你得承认，再努力也无法拥有。就像一头猪再怎么努力也不可能变成人一样。但是，一头聪明而有心的猪，是可以站在风口飞起来的。

当然，我不是说你是猪，我是说，其实飞起来的猪会不会摔死，我还没有验证过。你认为自己是什么不重要，你只需要相信，自己确定可以变得比从前好，甚至，变得比很多人好，只要你始终相信努力奋斗的意义。

怎么说话是门“技术活儿”

想必很多人都有这样的感触：你和这个人谈话，可能会觉得“知心的话，万言不赘”，但和那个人谈同样的话时，可能“话不投机半句多”。

这是因为，每个人的特点，比如性格、心理、年龄、身份、习惯、知识面等各不相同。如果你向年迈的老人推销化妆品和时装，那无异于痴人说梦，对学生谈论经商之道，对儿童谈论新闻时事，也是不合时宜的。

有一则小故事就很能说明这个问题：

在一艘游艇上，来自各国的实业家们聚在了一起，一面观光，一面开会。突然，意外发生了，游艇撞到了暗礁，船身开始逐渐下沉。船长命令舵手立刻通知实业家们穿上救生衣跳海。过了一会儿，舵手回来报告说没有一个人愿意往下跳。于是船长亲自出马，只一会儿工夫，实业家们便一个接一个地跳下了海去。

舵手请教船长道："请问您是怎样说服他们的呢？"

船长说："我告诉英国人，跳海也是一项运动；我对法国人说，跳海是一种别出心裁的游戏；我警告德国人说，跳海可不是闹着玩的；在日本人面前，我认真地表示跳海是一种壮举。"

"您又是怎样说服那个美国人的呢？"

"太容易了！"船长得意地笑道："我只说已经为他办理了人寿保险。"

虽然这样的故事不大可能在现实中发生，但也说明一个道理，那就是"要看人说话"，并且要精心选择说话的内容和方式。

别以为这是微不足道的事，如果你不能掌握其中的奥妙，就很容易得罪人。

在我高中时，学校发生了一件事，现在想起来都觉得耐人寻味。这件事就跟看人说话有关。

当时，学校的一位老教师，勤勤恳恳地做了几十年老师，到了退休的年龄，学校要为他举办一次欢送会。与会同志和领导，对这位老教师的工作和为人进行了热情洋溢而又非常得体的肯定和赞誉。不过，还有一位即将退休的老教师也参加了这次欢送会，他曾多次荣获过"先进"称号。相比之下，他得到的赞誉要比那位教师多得多。

当轮到两位受欢迎的退休老教师致辞的时候，他们对大家的赞誉做了深情的感谢。一时间，会场里充满了一种令人动情的温馨气氛。作为答谢，话本该说到这里为止，然而，这位老教师却并未就此打住，他由人们对那位“先进”的赞扬中生发了感触，并做了颇为欠当的联想和发挥：“说到先进，很遗憾，我从来也没有得过一次……”

话犹未竟，坐在他对面的、平日与他相处得不很融洽的一位青年教师突然抢了话头：“不，那是我们不好，不是您不配当先进，是怪我们没有提您的名。”话语中带着一种不肯饶人而又让人难堪的“刺”。冷不防，老教师的眼角眉梢被“刺”出了一股感伤的表情，一时间会场中出现了一种怏怏不悦的尴尬气氛。

一位领导见势不对，马上接过话茬，想把气氛缓和一下。照理说，这时，他应避开“先进”这个敏感的话题，转而谈论其他。然而，他却反反复复劝慰那位退休老教师，叫他对“先进”的问题不要在意，说没有评过先进，并不等于不够先进，先进不仅是名誉，更要看事实。如此等等，一席话，等于是把本应避而不谈的话题做了重复和引申，使本已尴尬的局面显得更为尴尬。

学校发生的这件事，我认为可以引出几点发人深省的教训来：一是那位退休老教师不该做无谓的比照，二是那位青年教师不该在别人失意之火燃烧时加油，三是那位领导应注意避开敏感话题。

这三个人在说话方面的教训，合为一点就是：说话要注意场合。不看场合，随心所欲，信口开河，想到什么说什么，这是一种拙劣表现。

生活中，每个人都会接触到形形色色的人，这就难免有话要说。说什么，怎么说，什么话能说，什么话不能说，都应讲究。很多时候，有些人吃亏就是因为没能管住自己的嘴。

我所在的公司，有个名叫燕子的女同事。她性格内向，不太爱说话。可每当就某件事情征求她的意见时，她说出来的话总是很“刺”人，而且她的话总是在揭别人的短。

有一次，燕子所在部门的同事穿了件新衣服，别人都称赞“漂亮”“合适”之类的话，可当人家问燕子感觉如何时，她直接回答说：“你太胖了，而且这颜色你穿有点艳，根本不合适。”

这话一出口，便搞得当事人很生气，而且周围大赞衣服如何如何好的人也很尴尬。因为，燕子说的话有一部分是事实，比如说该同事确实有点胖。虽然有时燕子会因自己说出的话不招人喜欢而后悔，可很多时候，她照样说特别让人接受不了的话。久而久之，同事们把她排除在集体之外，很少就某件事去征求她的意见了。

尽管这样，如果偶然需要听听她的意见时，她还是管不住自己，又把别人最不爱听的话给说出来。后来，公司里几乎没有人主动搭理燕子，她自然明白其中的原因。

所以说，怎么说话在人际交往中是一门很重要的学问。我根据自己的经验，大体总结了如下情况：

伤心的事，不要见人就说。每个人伤心的时候，都有倾诉的欲望。可是如果见人就说，非常容易给听者造成心理压力，使其对你产生怀疑和疏远。同时，你还会给人留下不为他人着想，把痛苦转嫁给别人的不良印象。

伤害人的事，不能说。说话的时候，千万不要轻易伤害别人，尤其在面对较为亲近的人时，更不能说伤害人的话。多说一些别人喜欢听的话，这会让他们觉得你是个善良的人，有助于维系和增进感情。

小事，幽默地说。当你想对某人进行善意的提醒时，用句玩笑话讲出来，就不会让听者感觉生硬，他们不但会高兴地接受你的提醒，还会增强彼此的亲密感。

急事，慢慢地说。遇到急事，也不要冲动，如果你能有条不紊、不急不躁地把事情讲清楚，会给听者留下沉稳、庄重的印象，从而增加他人对你的信任度。

尊长的事，多听少说。年纪稍微大一些的人，一般都不喜欢年轻人对自己的事评头论足。如果年轻人总是对他们夸夸其谈，他们就觉得你不是一个尊敬长辈、谦虚好学的人。

自己的事，听别人怎么说。旁观者清，当局者迷。当你遇到难以解决的事情时，要多听听局外人的看法，一则可以给人以谦虚的印象，二则会让人觉得你是个明事理的人。

别人的事，小心地说。每个人都忌讳别人对自己的事指指点点，人与人之间都需要安全距离，不轻易评论和传播别人的事，会给人交往的安全感。

做不到的事，别乱说。俗话说："没有金刚钻，别揽瓷器活。"对于那些你做不到的事，千万不要对别人轻易承诺，这会让听者觉得你不是一个"言必信，行必果"的人，以后也不愿意再相信你。

没把握的事，谨慎地说。对那些自己没有把握的事情，如果你不说，别人往往会觉得你狡诈、虚伪；如果你能措辞严谨地说出来，反而会让人感到你是个值得信任的人。

没发生的事,不要胡说。无事生非的人,向来受到别人的反感。如果你从来不随便臆测或胡说没有的事，会让人觉得你为人成熟、有道德，是个做事严谨、有责任感的人。

说合适的话是人际交往的重要原则，尺度一定要把握好，不然就算你心中藏有千言万语，别人也一句不想听。

第六章

你真的想要一眼就望到头的生活吗

让你的生活多一点“温柔”

我相信，所谓的修行，就是减少自己的攻击性，让你以最温柔的一面赢得整个世界。

某天上班时，部门里一个小姑娘问我：“颜歌，如果情敌掉水里了，你会怎么办？”正在干活的我“啊”了一下道：“赶紧救人呀，傻丫头。”她对我的答案表示不可思议，另一个旁听的姑娘也露出不可思议的表情，我这才知道，很多人的答案基本是以幸灾乐祸或落井下石为主。比如，有人会说：“我会递上一根绳子，在他用力向上拉的时候，再松开绳子”“我会踹他一脚，然后给他讲笑话，让他笑得没力气爬上来”“朝他头上扔石头”。

我相信很多人这么说只是发泄情绪，不会真的这么做，但我还是沉默了半天，然后对这两个涉世未深的姑娘说：“妹子，别在情绪上给自己找那么多敌人，否则只会让自己成天受伤。别人都没意识到自己是你的敌人，你却自己伤害自己，多划不来！”

有强烈的创造欲和占有欲的年轻人，确实需要相当程度的“敌意”来激励自己的斗志，但如果仅把斗志视为对同性竞争者的打压和毁灭，我们就误解了“妒忌”这一情绪的真正意义：努力奋斗，成为更优秀的自己。

如果我们留意一下，就会发现，男性面对爱情的竞争时，多半是放弃、和谈，或努力奋斗，不再让自己的爱情遭遇金钱的考验。而女性则倾向于打压竞争者——这也是她们在恋爱时，会以有男生为自己打架为荣的原因。所以有人说女人的嫉妒心无处不在，即使这个女人已经年过五十，即使她对身边的男人毫无感觉，她依然会忌恨更受这些男人欢迎的另一个女人。

这段看似有理的话，倒是说明了一个问题：幸运的人总是很幸运，倒霉的人总是很倒霉，因为聪明人会发挥情绪的正能量，把自己的人际关系变成了“好人有好报模式”，而笨人则误解了情绪的功能，肆意发泄负能量，于是在无意中伤害了别人，人际关系也不由自主地陷入了“冤冤相报模式”。一个人在生命的尽头回顾自己的一生时，可能会惊讶地发现：啊，自己伤害了别人一辈子，也被别人伤害了一辈子。

当然，由于很多人患有被迫害妄想症而不自知，所以不是处处提防别人，成为人见人恶的刺头，便是为自己曾经受过的“苦”寻找一个外界的承担者，成为一个四处寻找理解的倾诉狂——在被迫害妄想症患者眼里，全世界都在针对自己。

说到这里，我想起我的母亲来，不得不说，她确实是一位朴实而勤劳的旧式妇女：贤惠而忠贞。从来不怕辛劳，一力承担了照顾多病的婆婆和养育三个孩子的重任，也从来没有因为生活的苦难而产生过放弃的念头。她非常善良，无论谁找她帮忙，只要不是确实抽不开身，她都会答应，只要能力许可，就会施以援手。她忠贞，一辈子就跟了一个男人——我那脾气暴戾的父亲。其实，以我妈的清秀端庄，年轻时是不乏追求者的，但她硬是一生都守着我的父亲，不离不弃，尽管他贫穷、懒惰。并且，她是个心灵手巧的人，如果看她做事，就会发现她聪明得不得了，小学都没有毕业的她，可以辅导孩子的初中作业；那些别人折腾了很久都解决不了的问题，她只要略作深思，便能立刻想出办法来。她写得一手好字，做得一手好饭，绣得一手好花，还会做衣服、鞋子，很多女人干不了的活，她都能干。

但这么一个能吃苦耐劳的好女人，却被婆婆讨厌，丈夫憎恨，孩子不喜欢。如果不和她生活在一起，真的难以想象，她怎么会与幸福无缘，她的生活怎么会苦不堪言？

但和她打过交道的人，都知道她是一个完全不会说话的人，她的每一句话都很有攻击性，而她完全没有意识到。她有一种奇怪的能力——能把自己认识的所有人都得罪光，因为她看什么都只会看到负面的东西。比如，丈夫挣了点儿钱，满心欢喜地给她买件衣服，却被她数落半天，不是嫌丈夫乱花钱，就是嫌衣服不好看，丈夫的殷殷关怀，换来的却是责备、抱怨和挑剔。虽然这并不是她本意，我甚至相信，在责备里多少有点儿幸福感，但是，这样的说话方式真的太考验听众的耐心了。

孩子考试得了第一名向她报喜，她马上泼冷水说："你才考了个班级第一，人家XX考了全年级第一。"邻居告诉她谁得大病了，她本来想表达关怀，可是说出来的话让人感觉她非常幸灾乐祸。别人告诉她一个好消息，她本来想表达祝贺，可是听的人却觉得自己被挖苦了。这个可怜的女人，辛苦劳作了半生，也不断被误解、被伤害，她不明白为什么自己总是因为一句话和丈夫争吵，和孩子争吵，和自己熟悉的所有人争吵。

直到现在，她依然不知道为什么每个人都爱和她吵架。无论我怎么劝她，她都不会觉得自己有问题，因为她无法站在别人的立场去体验她加诸别人的伤害。

人们无法发现自身的问题，是双重标准思维害的。看别人时，只看结果和表现而不看发心，看自己时，只看发心不看效果，于是，只要一想到自己主观上并无恶意，便觉得自己实际上没有伤害谁。但能量发出者的主观感受不等于能量接受者的主观感受。自认为没有伤害别人，不等于事实上没有伤害别人，尤其是情绪伤害。

她说的那些话，若单纯从内容上看，确实没有几句是有攻击性的，但她的情绪、她的口气却让听话的人极度不适。

不知道是谁说过，沟通中情绪占70%，内容只占30%。我深以为然。

刺头之所以让人感觉很"刺"，不是因为他们的行为会造成多大的实质性伤害，而是他们的情绪带有严重的攻击性，就像励志大师马登说过的那样，如果我们拿着一根骨头骂骂咧咧地叫狗来吃，它一定会被吓走，如果我们温柔友好地说:“过来我要弄死你”，它却会非常听话地跑过来。

人之所以对情绪极为敏感，是因为情绪是我们对外在环境的最直接的本能应对策略。感觉开心了：啊，这人不错，我要和他多聊会儿。感觉受伤了：这人怎么可以伤害我！于是马上反击或选择逃跑。你无法克制自己的条件反射，如果你没有改变自己的心境，你第一时间的情绪反应，会暴露你对环境的判断，暴露你的攻击意向。

反省必须是全面的、客观的。我曾经也是一个刺头，终日咄咄逼人，伤害别人而不自知，遭到别人的报复性伤害后，觉得自己特别委屈：世界为什么亏欠我这么多!

多年以后，我学会了反省，反省自己的思维模式，反省自己的说话方式。慢慢地，我觉得自己有了一些改变，还煞有介事地写些文章为自己的“脱胎换骨”而得意。但是，当一些人委婉地说我太极端、太尖刻时，我觉得好意外，为了拔掉所有的刺，我的心灵经历了怎样的血肉模糊，你们竟然还嫌我极端，嫌我尖刻?

我已经很克制、很温柔了好吗?

我觉得自己“博学多才”，已经“参透”了一切，很可以炫耀一下自己那“最有深度，最有内涵，最有档次”的思想成果了，于是决定去录视频——我要重新诠释一下一再被误读的《易经》。随后，我像模像样地弄了个DV，梳洗打扮一番，便对着镜头大放厥词。我还臆想：像我这样一个长得还算端正清秀的女人讲《易经》，那也是一道独特的风景，没准放网上很快就会火起来呢！但当我看到自己说话的表情以及动作，我崩溃了，明明面对视频时，我的动作是很优雅的啊！我的声音是很轻柔的啊！我是努力让表情保持从容和镇定的啊！可是，视频里那个动作别扭、表情怪异、声音颤抖的刺头是谁?

太恐怖了，我才知道，直到现在，我依然是一个如假包换的刺头。我以为自己有多少改变，就有多自以为是。虽然现在我已经收敛了很多，但是我知道，我可以变得更好。至少，我已经发现了自己的问题所在，若是感受到了别人的攻击，我一定会先去想，是不是自己无意中伤害了别人。所以，如果一个人觉得全世界都在针对自己时，他最应该做的不是去抱怨世态炎凉，而是反省自己是不是不懂得与这个世界和谐相处。

如果你总是感觉很受伤，并且也很想改变自己，那么，可以试试我的办法，用摄像机录下自己的言行，看清自己的真实状态——当然，如果这么做也还是觉得自己没有错的话，我只好说：神啊，你已经无可救药了。

我相信，所谓的修行，就是减少自己的攻击性，让你以最温柔的一面赢得整个世界。

别让全世界都承担你的情绪

别跟我说你的事，我不想知道！

我觉得王小波写的某段文字甚好：

我有位阿姨，生了个傻女儿，比我大几岁，不知从几岁开始学会了缝扣子。她大概还学过些别的，但没有学会。总而言之，这是她唯一的技能。我到她家去坐时，每隔三到五分钟，这傻丫头都要对我狂嚎一声："我会缝扣子！"我知道她的意思：她想让我向她学缝扣子。但我就是不肯，理由有二：其一，我自己会缝扣子；其二，我怕她扎着我。她这样爱我，让人感动。但她身上的味也很难闻。

假如我那位傻大姐学会了一点西洋学术，比方说，几何学，一定会跳起来大叫道：人之异于禽兽者，几希！这东西就是几何学！这话不是没有道理，的确没有哪种禽兽会几何学。那时她肯定要逼我跟她学几何，如果我不肯跟她学，她定要说我是禽兽之类，并且责之以大义。至于我是不是已经会了一些，她就不管了。我的意思当然不是说她能学会这东西，而是说她只要会了任何一点东西，都会当作超级智慧，相比之下那东西是什么倒无所谓。

这个傻丫头，说好听点儿叫乐于分享，说难听点儿叫倾诉狂。每一个人都喜欢把自己的感受和思想观点告诉给别人，这是一种自示欲或自示本能。

自示欲在生活中随处可见。我们会给朋友看自己新买的衣服，我们会告诉家人，报纸上的哪条新闻是由我们提供给报社的。这些共享思想、观点和经验的意愿，成为社交媒体和社交网络能够流行的基础。人们用微博或微信记录着自己喜欢的东西，记录着自己的吃穿住行和随时随地的感悟，甚至随时直播自己的行踪。如今沉溺于社交网络的人们，好像停不住他们的共享行为，包括共享他们的所想、所爱和所需。

有科学家说，自由表达和披露信息对人本身就是一种内在的奖励。有个实验是，把脑扫描仪放置在被试者的脑部，然后询问他们是否愿意分享自己喜欢滑雪板的想法或者对小狗的态度。结果显示，一个人分享自己的观点时与获得钱财或食物时的脑电波是一样的。因此，人们在社交媒体上分享美食体验的喜悦跟获奖的喜悦别无二致。

实验结论也许并不普遍适用，但分享带来的快感和消费带来的快感，却是这个时代最耐人寻味的现象。

有个叫米歇尔的人做过这样一个测试，他要求被试选择完成其中一项任务：独自一个人待着或跟别人分享自己对三明治的看法。被试事先被告知，选择什么都不做的人所获得的奖励，要比选择与人分享观点的人多一些。米歇尔还设置了一个对比组，在对比组中，选择分享观点的人，比选择什么都不做的人获得的奖励更多一些。

你们猜结果如何？

无论是哪一组被试者，奖励都不是影响他们选择的主要因素。总体来说，人们甚至愿意为分享自己的观点而放弃25%以上的实验奖金。也就是说，相对于物质奖励，人们更倾向于分享自己的思想和观点，甚至喜好。

在生活中，一般人表达的不仅是自己的喜好，还有日常生活中的喜怒哀乐，也恨不得一股脑儿让全世界知道。

其实，人的自示欲可以从社会生物学方面得到解释。只有充分传播和摄入信息，我们才能做出更好的判断和预测，从而做出更好的选择。也就是说，传播和摄入信息的能力决定我们对世界的掌控能力。自示欲就是在传播信息并试图获得反馈信息，自示欲的好处还在于，在处境危险时能吸引同伴注意，增加被救概率，在竞争资源时能争取到志同道合者。

每个人都渴望自己被倾听，都急于表达自己的喜怒哀乐。这个世界从来不缺少倾诉者，但却一直缺少善于倾听的人。

没人愿意承担别人的情绪世界，所以，没有人愿意倾听。同时，没有人不想把自己的情绪世界强加给别人，别人越能感同身受，他们越能体会到自己的存在价值。所有的人都在拒绝别人，却都希望别人接受自己。

但我们忘记了，所有人都做同一件事和所有人都不做同一件事的结果是一样的，正如大家都坐着看电影和大家都站起来看电影一样。

虽然我和所有人一样都爱倾诉，但我不是祥林嫂，我也不喜欢听别人倾诉，尤其不喜欢听别人讲他（她）自己的感受和喜怒哀乐。比起喜欢倾泻情绪、兜售观点和不厌其烦地分享生活细节的人来说，我还是显得太内敛，以至于这些年以来，家人对我的最大不满便是，无论我遇上什么事从来不回家诉苦。

比起找人诉苦，我宁愿选择把情绪写成文字。我认为这是不太打扰人的一种倾诉方法。我在网上找个角落，或者QQ，或者博客，把自己的情绪写下来，愿意看的，不愿意看的，来去两由之。且经历越多，我越觉得无话可说。所说不过是人、事、物，所诉不过是喜、怒、苦。虽无百岁经历，然大道至简，世事纷繁复杂，本质却不超乎利害，以此推求，再难理解的事情也一目了然。

你以为八卦满天飞，飞的是八卦吗？不，飞的是八卦的心。人们不仅喜欢分享快乐，也极度喜欢传播和摄入坏消息。

一句口头禅，一个人生

你嘴上说的就是你的人生。

其实，一个人的口头禅，显示的是他的性格与品质。在不考虑恶意欺骗的情况下，倘若一个敢说“这件事我能做好”“别怕，有我在”比“不可能吧，我干不了”“都怪谁没有……”表现出的责任心要强得多。前者自然会更受欢迎，后者虽然看上去很潇洒，但也失去了被相信、被赋予重任的可能。

有的人很爱说“如果……我就可以……”，这句话暴露的是一个人的无能、懒惰、不负责任。如果所有“如果”成立，还需要原因和结果吗？

这让我想起欧几里得设的一个推论来：如果空间可以扭曲，那么三角形既能大于180°，又能小于180°。

不要这样啊，改变了前提的三角形还是通常意义上的三角形吗？如果我是上帝，我可以让所有人都过上幸福生活，但问题是，我永远也不可能是上帝啊！

所以，一个人要精心挑选自己说话的方式——即表达逻辑，尤其是自己的口头禅，它直接决定了你给人的大体印象。

记得前阵搬家，因为长途搬运太麻烦，我就把很多书放在了公司，但又觉得占公司空间怪不好意思的，便约了一个朋友和前任来帮忙。

初时并未曾约前任，因他是个公子哥儿，四体不勤、五谷不分却惯看秋月春风，喜欢莫扎特、贝多芬，更兼身体痴肥、行动迟慢，先天心脏还不太好，干一点儿活就气喘不止，洗两三个碗就得休息一阵，是个不顶事儿的人。并且，我非常清楚，一让他做点儿什么，他就会说“你不要这样，你那样不行”，所以，我真的非常不喜欢再和他打什么交道。

和朋友说起搬书的事时，他尚在山东过年，未曾归京呢！虽然我并无劳烦朋友的意思，朋友还是主动承诺：“等我回去啊。”这样的话让人感觉很温暖。你仿佛得到一个承诺：无论发生什么事，他一回来就会帮你解决，并且能解决得让你称心如意。你的不安和惶惑，瞬间消失得无踪无影，心里只有幸福感、满足感与无限的感激。设若你在做某件不得不做的事但又力有不逮的时候，如果有一个人对你说“等我回去啊”，天地间似乎便多了一个依靠，原来你并不是全然无助的。

“等我回去啊。”

多年以后，我若回想起这句话，依然会感动的吧！

我们约定在他归京的第一个周末搬书，至周五时，前任约周六相见。我告诉他说我没空，要搬书。他一副惊讶的样子："你要搬书？怎么不告诉我？难道不用我吗？""不用了啊，我约了朋友帮忙，搬完再找你啊。""没有我怎么行呢，你没车啊。"我还是拒绝了，真的，如果让他来帮忙，他一定会一会儿吩咐我说"你这样子干"，一会儿又说"你把那件事干了"。中间必然会夹杂这些话："你看你，这件事不听我的，做错了吧""你应该这样，不应该那样"。他本就不太会说话，话一多便不免会沦为重复的碎碎念，对于一个追求每句话都有实效性的我来说，这无异于精神凌迟。

想到前任只有种种不悦，虽然在我需要他帮助时，他也还算是尽心尽力，但我却连半点儿感激都没有。但周六一早，他便又打电话来说要帮我，一定要过来，我看看时间，朋友都要到了。唉，只好认命。顺便让我这个智慧的朋友给固执又自闭的前任洗洗脑，就当帮助他破一点儿执障吧。况且前任有车，倒也省得我们找车了。

这一天，朋友赶到我的办公室，帮我安装完电脑程序后，便开始搬书。我原计划把书搬到我家随地堆着，然后找个地儿吃饭。不承想到了我家，他竟然把我的家整个给整理了一遍，从衣柜到书柜再到电视如何摆放，小家具与一干零碎物品，都被他收拾得如军队般整齐，他表现出的爱心和耐心，就像他的口头禅透露的性格一样：主动、热情、负责、敢于承担。

朋友是个很愿意承担和付出的人,所以他的口头禅经常是“行,没问题”“好，我多加油”，而前任则是一个极度自我、不愿承担又只爱享受的人，所以他的口头禅是“你这个肯定不行”“我现在没办法做这个”。

同样，喜欢说“随便”“不知道”的人，多半是个不愿意承担责任的人。当一个人说“随便”时，意味着他将选择权交给了别人,也将责任推给了别人,其中暗藏着“错了别怪我,和我没关系”的意思。

而喜欢说“好像”“据说”的人，多半是缺乏自信的人，不希望把话说死，怕没了回转的余地。而常说“看我的”“没问题”的人则通常充满自信，也乐于承担责任。

喜欢说“应该”“必须”“必定会”的人，要么是太主观，要么是信心极强，自认为能够将对方说服。当然，有一些“应该”，还反映了态度的不确定，有根据经验或感觉进行推测的意思。

至于“听说”“据说”“听人说”之类的口头语，要么是因为不自信,要么是因为处世圆滑,因为这是避免与人正面冲突的用语。

而像常说“可能是吧”“或许是吧”“大概是吧”的人，自我防卫本能甚强，由于不想说出内心的想法，又不想得罪人，所以选择了模棱两可的回答。

言行不过是我们内在的外化，我们的习惯、性格和情绪，都会暴露在那些自以为不露痕迹的掩藏里。你想成为一个被信任、被尊重的人，首先要值得被信任和被尊重，才说得出被信任、被尊重的口头禅来。

所以，如果你生活不尽如人意，请留意一下你的口头禅，努力修炼自己的性格，提高自己的专业能力和社会担当力；去改变你的口头禅，成为你自己想成为的样子。

别把气话当真话

当你叫别人“姐”或“阿姨”的时候，你以为你很有礼貌，其实你在索取心理优势。尊重对方，就别轻易叫人家“阿姨”。

无知，则会自以为是。但所有人都只能“自以为是”，因为每个人只能基于自己有限的知识、经验和观念来进行思考。但我们通常不在这个意义上来使用“自以为是”这个词。当我们说一个人自以为是时，一般是指他的偏执程度已经超过了常规范围，在人际交往中会让别人感到不舒服。

对了，本文主要是说，年轻人为什么要有点儿社交常识。这其实是一个没什么意思的话题，大家稍微了解一下也就差不多了。

一天早上，坐在我旁边座位上的美女策划打完上班卡后一脸郁闷，看来心情不爽。我确信她不是因为我上周朝她拍了桌子，她已经习惯了我的喜怒无常，反正没本事的人往往就是有脾气，以她的智慧是不会不懂这么简单的道理的——既然她的生气和我无关，一定是有别的原因的。

果然，过了一会儿她就不打自招地问："我这件衣服显老么？"

原来，在来的公交车上，一个看起来和她年岁差不多的男人竟然叫她"阿姨"，难怪她要郁闷了。虽然我对她的穿衣品味不敢恭维，却不认为一件衣服能让人显老到哪儿去，顶多增加点成熟感而已。这个男生纯粹是没有社交常识，才这样惹怒陌生人的。

同为女性，我很理解她这样的反应。

记得几年前，我在一家小小的公司里混日子。公司约有七八个人，考虑到大家吃饭和工作的方便，公司特地请了一个家政阿姨做饭兼搞卫生——摩羯座的领导在这方面是很大方的——无论家政阿姨厨艺如何，至少可以保证丰盛卫生。

初时来的是个北京本地的阿姨，跟大家相安无事。后阿姨家中有事要离职，便介绍了自己的一个四川籍同行来。这个阿姨大约四十几岁，有着四川女子特有的细致皮肤，白白胖胖的，五官看上去虽然不惊艳，也还周正清秀，大约可以算得上中上之姿了。

我很少与她直接说话，必要时就叫声"阿姐"。她并不满意这称呼，但我也毫无办法，因为直呼其名显然不合适，所以她也只得认了我这个白捡的"阿妹"。

关于称呼的战争终于在她和一个姑娘之间爆发了。

公司有个与我们年纪相仿佛的姑娘，素来天真柔顺，虽然有着超过一米七的个头，给人很硬朗的感觉，但却有一颗实实在在的小女儿心。她礼貌温柔，喜欢撒娇，如果深交的话，其实你会发现她细腻而善良，如果不是肤色稍黑的话，会是个相当惊艳的美女。

这个姑娘的长相、品性都不差，唯一让人着急的就是缺少社交常识，相比之下，我的社交能力也好不到哪儿去，不过在揣摩人的心理方面，我却要有一点儿优势。就社交心理学来说，男权社会对女性的价值评估主要根据其自然属性，而年龄因素是最重要的自然属性之一，自然成了女性的大忌，轻易碰不得。对任何有着年龄暗示作用的称呼，女性都会很敏感。可以说，这世界上，只有血亲之间的敬称，才不会招致反感。

这天，姑娘脱口而出一句“阿姨你如何如何”时，阿姨生气了：“我这么年轻，你竟然叫我阿姨！”随后，阿姨跑到镜子跟前照了又照。一直以来，白而无皱的皮肤以及还算不影响市容的长相，都是她最重要的心理支撑，不难想象，那些礼貌性的奉承让她天真地以为，自己真的扛住了岁月的薄情。“美貌”与“看不出年纪”等幻象成了她自以为是的真实，以至于她都不会去思考“为什么如此年轻美丽的我，竟然只能做家政”这样的本质性问题，一个不愿意思考的人是认识不到真相的。

阿姨真是太伤心了，怒气冲冲地完成了当天的任务后拂袖而去，而我们可怜的姑娘也满腹委屈。

而在更早些的时候，我在一次有俄罗斯姑娘参加的聚会上，犯过同样的错误。那时，愚蠢的我像往常一样，见面就问人年龄。本以为大家都是同龄人，目测小的大约十八九岁，大的也不过二十二三岁，完全没必要忌讳年龄。不料一个姑娘竟冲我咆哮起来：“你妈是怎么教你的？”聚会不欢而散，而我满怀委屈，我就问问你多大怎么了！

后进入职场，总是“X哥”“X姐”地叫别人，自以为很有礼貌，以为自己“投之以木桃”，可以被“报之以琼瑶”，可以“永以为好也”，但现实没有琼瑶，我得到的只是各种警告：

“别喊我姐，叫我名字就好。”

“你能不能不叫姐？直接叫名字就行。”

“你可以不叫我。”

“我真的很讨厌别人叫我姐，我是比你大，但你用得着天天昭告天下吗？”

当然，我现在也开始被90后叫姐，在路上被小年轻们叫姐，女人的本能让我体会到了某种无以言说的反感。凭什么叫我姐？我又不欠你们的。叫“美女姐姐”“神仙姐姐”也没有用，我不高兴当你们姐。

那些我曾经无比引以为傲的年龄优势，如今荡然无存，我才发现，我当初叫人“哥”“姐”，是一种多么无知的自以为是！几年前我还大放厥词：“二十八岁以后的女人都是老女人，我绝不要活成老女人。”那时，我享受一个年轻姑娘应该享受的福利，在形形色色的男生间招摇，他们的追逐、奉承和物质诱惑等，撑起了一个虚荣的姑娘韶华时分的繁盛。我想，我当时一定清楚地知道，二十八岁后的女性，是难以再有这些繁华的吧！

当我叫人“姐”的时候，我其实在想，我一定不要活到她们那么老！当然，事实证明我食言了。

前不久，有90后抱怨说："唉，有个快三十岁的老男人成天烦我。"

另一个马上说："都三十岁了啊！"接下来就是讨论那个三十岁的男人是如何的老，然后又感慨：三十岁的女人更显老！

我无言以对，几年以前，我也这么白痴过，以为二十八岁永远不会来。

童年时，觉得十八岁好遥远，十八岁时，觉得二十八岁好遥远。但是，你会发现，那些本以为遥不可及的年月，仿佛昨日，一个一个地，不知怎么地，没了。

时间会告诉你，再怎么无法想象的二十八岁，都会到来。只要你还活着，总会二十、三十、四十岁，甚至八十岁的。年轻这个资本的有效期，比你想象的要短得多。当你亲热地叫人"姐"的时候，你以为你很有礼貌，其实你是在获取优越感。这种"礼貌"，不好意思，没有人会喜欢的。

当然，在中国社会，称呼是个大难题。"先生""小姐"这样的精英称呼不太被大家接受；"同志""老师"这样的时代称呼已经随时代远去；"哥""姐""叔""姨"这类传统家族式的称呼，叫起来还算亲热，似乎成了很多人的首选，但在现代社会，这类称呼却有拉拢之嫌，因为别人毕竟不是你的亲戚，自然也不愿意与你形成什么义务关系，何必要把"哥""姐""叔""姨"强加于人？

如何做到不伤人自尊，又对人保持应有的礼貌，很难。所以，如果有人已经警告过你："不要叫姐，叫名字就好"，请你听进去。

以她或他愿意的方式称呼他们，就是最大的尊重。

同时，在对话中询问对方的年龄，会让人觉得很不爽，在别人的年龄、体重、恋爱、婚姻问题上，请压制一下你的好奇心，否则，会得罪人。

你不知道你为什么有这习惯，那我告诉你：人们所处的宏观社会环境，决定了人们对待隐私的态度。在传统宗族社会中，人们通常没有什么隐私可言，每一段关系，每一个等级，都有其资源分配权的大小之别，婚嫁都要遵循“父母之命，媒妁之言”：什么时候娶媳妇进门要选定良辰吉时；洞房之后要检查喜帕上有没有血迹；孩子是亲生的还是过继的都郑重地记录在册……人们从没觉得隐私是需要被尊重的，而打听隐私，也就成了这个社会的习惯。在现代社会，宗族组织的力量逐渐被瓦解，每个人在法律面前都是平等的，隐私权成为每个公民的基本权益，即使生身父母也不能越界。

英雄莫问出处，美人别问岁数。互联网对信息屏障的碾压，使得通过信息不对称而取得的特权日渐式微，不管你乐意不乐意，相信不相信，人与人之间，都会越来越平等，而隐私权也会因此越来越重要。

嗯，还是老老实实地学会尊重别人吧，别“姐”来“姨”去了，叫名字就好。

别太和别人较真

别人带情绪说的话，有时真的不能当真。

因为一本小说，我想起一个故友。

与他相识时，我尚年少，因我是编辑他是作者的缘故，我们的来往比一般朋友要多些。当然，我现在可以恬不知耻地承认，一个男人愿意和一个女孩交朋友，关心她的情绪，关心她的生活与前程，况“使君尚无妇”“罗敷未有夫”，一定有他被女孩吸引的成分。为了回报这份仰慕，我其实有一阵很努力地试图喜欢他。

不讨厌一个人，不代表你会欣赏他。相处日久，不一定能生出爱情来。尽管我告诉自己，他很有才啦，他也挺会挣钱啦，他也是个蛮有责任心的男人啦，他皮肤很白啦，最不济——他很愿意听我的话啊。如果你在一个男人最在意的方面——于他来说是写作——有着决定性的影响，那么，你对他的意志便有了相当程度的掌控力。其实无论男女，只要对方在某方面非常佩服你，你就有了主动权。尽管如此，我最后仍旧没有喜欢上他。

最开始知道他对我有好感时，我也颇有几分得意，不过那只是女人的虚荣心作祟罢了。一方长期不欣赏另一方的情感是维持不了多久的，所以我们之间那点儿小浪花儿很快就在生活的琐碎中消失不见了。当然，这并不妨碍我们是好朋友，我们仍会聚会、聊稿子，我有困难了，他也仍会出手相助。他最大的优点是，只要他拿你当朋友，你就有了怎么作都可以不死的资本。

交朋友的智慧，正是我要说的。他在对待朋友方面显然格外高明，他似乎天然地知道一个终极目的：你只要善良就好。至于你今天在他面前说张三李四坏话，明天又在张三李四面前说他的不是，他都可以不计较。

那时，无知的我总是私下里说他朋友的各种不是，又私下里在他朋友面前说他的各种不是，但是好像我的几句牢骚，从来不曾影响过他和他朋友的关系，也不曾影响他、他朋友与我的友好。多年以后我才知道，那时的自己在他们眼中，不过是个喜怒哀乐都挂脸上的蠢姑娘，偏执、无知、闹腾，他们像包容一个懵懂的孩子那样包容我的上蹿下跳，仿佛我的闲言碎语，并没有起到多大的作用。

年岁长些后，他的生活智慧才被我看出来。

他是一个天生的社交家，本能地懂得怎么维护人际关系，本能地知道如何应对别人的挑三拣四与搬弄是非。

一次小聚时，我问："A哥，我成天在B前说你坏话，在你面前又说了C和D那么多坏话，你怎么都跟没事儿人一样？"

他道："朋友嘛，你了解他的缺点就行了，放在心里干什么。"

"别人背后说你坏话你一点儿都不在乎吗？"

"在乎啊，但是，你能和谁说我的坏话啊，不就是我那几个朋友吗？他们都是我哥们儿，哪会拿你一个小姑娘的话当真？朋友间的口水话，听听就过了。"

口水话听听就过了，这是多么高明的处世智慧！

我惊讶极了，平素困扰我的"别人今天又说我什么了""他们会怎么看我啊"这些问题，原来都不足为虑。

每当我想找人吐槽的时候，我会反问，你说的是口水话吗？

每当有人找我是此非彼时，我会想，他们说的是口水话吗？

我们为之烦恼的，争执的，终日痛苦不已的，是口水话吗？

有了这些经历后，即使亲耳听到非常信任的亲密朋友说我的不是，我也会告诫自己，她们不过是在吐槽，即使再吐槽我一百次，还是会请我吃饭，还是会帮我搬家，还是会给我发工资，还是会叫我姐姐妹妹。在我有困难的时候，还是会第一时间站出来帮手。亲人的不满，朋友的怨言，有多少不是口水话，有多少不过是吐吐槽？姑妄听之，有则改之，无则加勉，却万万不能当成攻击和伤害来计较。

我曾在报上看过一个故事，是说一个姑娘有一个闺密，平日里觉得，有友如斯夫复何求，感情非常好。坏就坏在有天她上厕所时，无意中听到这个自己最珍惜的朋友说她如何人品不好啦，长得太胖啦，也有很多毛病啦，快烦死她啦，等等，不难想象，她当时有多伤心。大哭一场后，她打算和这朋友绝交，老死不相往来。

朋友见她日渐冷淡，还以为她是遇上了什么不开心的事，也没有当真，仍然像平时一样对她好。忽然某天，她遇上了急事，急需用钱，一时又拿不出那么多钱来，平素的亲朋好友，无不推三阻四，声称自己没有钱。她第一次体会到了世态炎凉，愁得夜里无法入睡，只好找母亲诉苦，母亲听完后说，其实你可以找你的那个闺密啊！她大为惊讶，那个她已经绝交的朋友，曾经在背后那样地说她坏话，怎么可能借这么多钱给她？

她母亲说，你不试下怎么知道，再说，就算借不着，你又没有什么损失。

无奈之下，她忍下一肚子委屈和恐惧，给朋友打了电话，没想到电话那头的朋友马上说："你把卡号发过来，我马上给你打过去！"她心中对朋友的所有怨恨,都在那一刻释怀。母亲告诉她说，其实，女人有时就是人多嘴贱吐个槽罢了，你怎么能当真呢？

人类是社会动物，信息交流和情绪发泄的需要，决定了我们和别人在一起的时候，总要说点儿什么，有时甚至带着情绪，但那并不意味着一方对另一方的全面否定，相反，你倒可以看到另外一面的自己。

很多时候，别太把别人的口水话当真，只要那些话不是恶意的流言，你完全可以一笑置之，该是你朋友的，还是你的朋友。

吐槽君，你随意啊，开心就好。

别让不会交流，影响了你的人生

所谓的交流，不过是你怎么对待这个世界，世界就怎么对你罢了。

朋友总说我不长情，担心我会突然和她中断友谊。我很郁闷，谁说我不长情？每一个关心爱护过我的人，我都会一辈子放在心里，若有机会与能力，也一定会倾力以报。生为情来，死为情去，并没有多少人比我还多情，如果说为了钱可以不要自由，那么，为了情，我可以不要命。只不过，很多人还来不及感受我的深情，便因为彼此的误会而疏远了。

面对因误会而产生的疏远，没有谁不伤心难过，但没有谁愿意放下可怜的自尊，主动去打破隔阂，消除误会，人生中才有了各种遗憾和错过。

交流的不和谐，阻碍了一切深情延续的可能。但人们的天性、专长和兴趣是如此千差万别，以至于交流注定不是一件易事。我们总是没完没了地向别人表达自己的思想和意愿，以期同化别人，获得满足，但对别人的思想和意愿，却向来视而不见、充耳不闻。

人们不会轻易分配注意力在别人身上，除非别人的意愿表达足够强烈，这似乎是大脑的一种本能。所以，有时，争执就成了彼此交流的唯一方式，不同的是，有的争执制造了更多的争执，无法化解，只好彼此分开作罢；有的争执则使我们更加了解彼此，从此知道，那人值得相信。

前阵子，一个目前已经混成沈阳某区一把手的作者来北京，我们相约在西直门凯德购物见面。我初入行时与他合作过，六年来虽然联系不多，却从没有断绝联系。

吃饭中陆续聊起了他的婚姻，我说："看起来你和嫂子感情很好啊。"

他笑道："能不好吗，该吵的架结婚前就吵完了。"

我"啊"了一下："原来不是所有的吵架的结果都是分手啊！"

"是啊，吵到最后，大家都累了，对方的性情也都了解了、适应了，那就结婚吧，别闹了，再也不要找一个人重新吵一遍了。"

他说："其实，争吵是在寻找彼此相处的方式，吵到最后，双方总会达成一种妥协，找到一种相处方式。终止了彼此伤害，两个人的感情就有了天长地久的可能。"看来，岁月的确把这个曾经的毛头小伙变成了一个成熟的男人。

说来，我和他的认识是从"交恶"开始的，由于他的书稿被删改得太多，再加上别的杂七杂八的矛盾，他先是与我们领导闹了起来，随后又和我闹了起来。当时，公司上下都觉得这个作者太难搞了。他不理解我们的处境，动不动就质疑我们合作的诚意，怀疑我们欺骗他，辱骂这个行业都是混账。真的没有见过这么无理取闹又不可理喻的人。他不停地要我们做出承诺、保证，还附带各种威胁。我崩溃了，不情愿却又不得不继续解答他那些莫名其妙的疑问，应对他那些令人难以忍受的责骂。

由于过于气愤，我开始说反话，我说："是啊，都是我们不好。唉，对不起。"——年轻的大脑词汇量太少，搜肠刮肚才找到几个词，正呼之欲出的时候，他的态度突然来了个大转弯，开始说理解我，说不是我的错，然后表示希望和我做朋友。我好不容易想好的反击之语，硬生生地被憋了回去。

见他态度软了下来，我的气也消了：当另一个人对你表示理解和尊重并且示弱时，你很难再恶语相向。知道他并不是故意找我们麻烦，我心里好受多了。当然，那时并不晓得他挑刺的行为只是寻求理解的一种方式，只要有人愿意理解他，他也会理解别人，也愿意平和地与人交流。

这样的结果，让我有一些意外。如果我更早地懂得他是在寻求被尊重、被理解，那么我们之间的交流也不会这么艰难。你让他觉得自己是被理解的，他才会去主动理解你。可惜的是，很多时候，我们都想努力地证明自己是正确的。这是一种"证明者"型人格。

"证明者"型人格的关键词是：我就是要让你相信我是正确的。

遇见信任和理解，则快乐，感恩之余，心生回报之意；遇到不被信任和理解，则痛苦万分，满心仇恨。此种情况下，他易生报复之心，千方百计地要让别人知道他所受的苦，“我要让那些小瞧我的人发现他们瞎了眼，我要让他知道他这么做给我造成了多大的伤害，我要让那些欺负我的人付出代价，我要让那些背叛我的人后悔……”

但这些愤恨，只能说明你懦弱。

别人自有其局限和苦衷，他对你的误解并不是出于恶意，或许当你经历了他的全部时，你就会理解他，并从而谅解他。所以，很多时候，我们不要急于去证明自己是正确的，而应该试着去关注、理解别人，主动清理沟通障碍。停止伤害，你就有了与整个世界交朋友的可能。

这个作者后来和我成了非常好的朋友。在我曾经的一段困窘时光里，他全心全意地帮助我，即使我们并无多大的交集。和这个看上去特别刺头的人的交往让我发现，其实，没有谁会去故意刁难谁。很多时候，刺头之所以成为刺头，是因为他们感觉自己被攻击、被伤害了。

那些不理解或伤害我们的人，是因为他们认为自己受到了攻击和伤害，于是加罪于外境，仿佛不伤害别人，就弥合不了自己所受的伤。他们不知道自己的抱怨、责骂、发脾气或尖刻的批判等，都在不断地伤害着周围的人，而受伤的人出于自卫的本能，又选择了反击，如此形成了一个恶性循环：自我伤害→发泄情绪引起的攻击行为伤害了别人→别人反击→被伤害→发泄性情绪引起的攻击行为伤害了别人……

所以，如果一个人觉得全世界都在针对自己时，他最应该做的不是去抱怨世态炎凉，而是反省自己：是不是懂得与这个世界和谐相处。

如果你总是感觉自己很受伤，并且也很想改变这种状况，那么，可以仔细剖析自己情绪背后的真实诉求，扪心自问这些诉求是否合理，如果合理，你就要确认对方是否知道你的真实诉求，而不是自以为是地臆想“谁都应该知道”——很多事，你不说出来别人就真的不明白。

只有这样，你才能看清真实的自己和真正的问题所在。然后，你才能减少自己的攻击性，修改“冤冤相报”的相处模式，拥有更多的快乐和更良好的人际关系。

你会发现，世界再大，不离方寸。所谓的交流，不过是你怎么对待这个世界，世界就怎么对你罢了。

第七章

爱情可以有，
但不能被束缚

别在二十几岁，就过完了你的一生

二十几岁，别被爱情束缚

我做好了要与你过一辈子的打算，也做好了你随时要走的准备，深情而不纠缠。

人的情感，归根到底，是一种特殊的思维习惯。但由于每个人的思维角度不一样，所以，一些情感在当局者看来合情合理，在旁观者看来却不可理喻，爱情尤其如此。一些在常人看来完全不般配的两个人，却强烈地依恋着对方。若是一方突然抽身离去，会对另一方造成致命打击。即使旁人都觉得两个人不般配，但当局者——身陷情网的那个人，已经情难自禁。他（她）只有和那个人在一起，才会感觉到自己的存在意义。

虽说男女情感里，以痴情女子负心汉居多，但并不意味着失恋于男人来说不会造成刻骨铭心的痛。

女孩尤其容易在爱情里患得患失，因强烈希望而起的巨大欢悦感，常常伴随着因剧烈失望而产生的巨大痛苦，那真算得上“痛并快乐着”，或更多的时候，是“快乐并痛着”。爱情的魔力正在于，它会调动起人类所有复杂的情绪：希望、恐惧、忧伤、等待、痛苦及最后的满足，或彻底绝望。相爱本身是一个相互磨合和驯化的过程，这是一个简单但并非显然的事实，以至于大家只会草草地用“性格不合”或“受不了彼此的习惯”来解释。说到这里，我简直要对《小王子》佩服得五体投地了，这本书就很好地描述了相互磨合、彼此驯化时的微妙感觉，浅显而不失精准：

狐狸说：“我的生活很单调。我追逐鸡，人追逐我。所有的鸡都一个模样。所有的人也是。所以，我有时会觉得很无聊。但是，如果你驯养了我，我的生活将充满阳光。我将辨别出一种与众不同的脚步声。别的脚步声会让我钻入地下。而你的脚步声却会像音乐一样，把我从洞穴里召唤出来。另外你瞧，看到那边的麦田了么？我不吃面包，小麦对我来说毫无用处。麦田也不会让我联想到任何事。这是很可悲的！但是你长着金黄色头发。当你驯养我以后，这将是非常美妙的一件事！麦子的颜色也是金黄色的，它会让我想起你。而且我也将喜欢聆听风儿吹过麦田的声音……”

光是想象等待一个问候或一次见面的快乐，便足以让绝大多数坠入爱河的姑娘上天入地了。所以小狐狸又说：

“比如说，你下午四点钟来，那么从三点钟起，我就开始感到幸福。时间越临近，我就越感到幸福。到了四点钟的时候，我就会坐立不安；我就会发现幸福的代价。但是，如果你随便什么时候来，我就不知道在什么时候该准备好我的心情……应当有一定的仪式。"

试想，如果你等了好几个小时或好些日子的恋人，突然告诉你他（她）不能来赴约时，你会产生多大的痛苦和失落！你所有的精心准备和热烈渴望，就那样轻飘飘地付于一句"取消见面"。

并且，我们不难发现，感情里快乐的强度，要比恐惧、忧郁和失落带来的痛苦的强度弱得多。所以，其实一个人一旦恋爱，更多的是忧伤，而不是快乐。

其实，爱情是一种深厚感情，正是因为有了爱情，我们才能紧密地联系在一起。大多数人类学家认为，如果没有牢固的情感纽带连结我们，使我们在捕食和保卫领地时协力合作，远古的人类便无法幸存下来。

别惊讶，事实上，在没有语言之前，在没有理性思维之前，我们已经对挑战情感纽带的行为和态度，形成了无意识的情绪反应。而且，这些情绪反应在我们生而为人的那天起就形成了。如果没有负责任的雄性提供保护，女子和后代的存活率几乎为零，而一旦离开自己的部落，即使是男人，也将死于饥饿或葬身猛兽之口。所以，不独女人渴望亲密关系，男人同样渴望：他还不能独自生存时，依靠的就是父亲对自己和母亲的保护，并且，在很大程度上，他也会遗传父亲的品性，成为一个负责的人（外在环境也会有相当影响）。所以，一般来说，男人对与自己有亲密关系的女人，有着本能的保护欲（当然，也存在一些特别的生存策略，但不妨大体）。

因此不难预见，我们对情感背叛的恐惧与对死亡的恐惧是同等强烈的。因爱而产生的各种次级情感，如亲情、友情等，对冲了诸如忧虑、羞愧、悔恨、恐惧以及失望等情绪，缓解了痛失所爱的杀伤力，但是，深入我们骨髓的，永远是爱。

正是从这个意义上来解读爱情，《周易》才会说“天地氤氲，万物化醇，男女构精，万物化生”，莫言才会说“这亲戚，听起来怪神圣的，可仔细一想，所谓亲戚，都建立在男人和女人睡觉的关系上”。

遭遇了背叛，不代表你不会再被别人爱，失去了爱情，不代表你连爱自己的能力也失去了。真正的孤独和无助，是你无法爱自己。

就算全世界只有一个你，就算没有人欣赏你，你也要好好爱自己。唯有爱自己这件事，不必也无法假于外物。这一生的每一天，你都要活出你的万种风情，让那些没有选择和你在一起的人，永远都不会忘记。

我认为，一个心智成熟的人应该有的爱情观是：我做好了要与你过一辈子的打算，也做好了你随时要走的准备，深情而不纠缠。

要选择一个值得托付的人

有一类人，是既没有拼爹的资本，又没有敢拼敢闯的能力。

经常有姑娘问我："我能不能找个现成的极品好老公？"

我就问她："20多岁的男孩，就算爹妈是土豪，他的事业也是处在起步阶段。想直接找个'有车有房、父母双亡'的，只能把目光放到45岁以上的男人身上，对20出头的小伙子提这要求，实在有些强人所难了。话说回来，姑娘，你真的一点儿都不想奋斗吗？"

不过，这也不能怪姑娘们，人类社会的雄性与雌性与其他生物是那样的不同，其他生物到了繁殖期就只管繁殖，不必投入巨大的抚育成本，但人类不一样。于最佳生育期的姑娘们来说，有了充足且持久的物质保障，才会专心于生育和抚养后代，这就使得她们本能地会在意对方的物质条件。

女人选择物质条件较好的男性，并不是因为好逸恶劳，而是生育和抚养后代需要足够多的物质保障。而男人不得不创造足够好的物质条件，以接受女人的挑选。

我认识的一个男生执着地问我：你愿意不愿意嫁给一个一无所有的年轻人？

我说，那怎么行呢？他得有相对稳定的工作吧，得有相当的精神追求吧，得爱干净吧，得勤快吧，得既会做饭又会做事吧。

怎么能一无所有呢？在考虑婚嫁时，我真的不会嫁给一个一无所有的人。

他懂点儿玄学，便要了我的八字去看，然后一副很不可思议的样子说："根据你的八字看，你应该是个有成就的人物才对啊，可是你看看你现在的样子，到猴年马月才能有成就啊！并且你的老公会是个有成就的人，五年后。"

我不知道他是暗示自己五年后会很有成就，还是暗示他不可能很有成就，因而不可能成为我中意人选。

其实我不关心我能不能嫁一个有成就的男人，我只关心我能不能有成就。鉴于他一再地追问，我觉得有必要以"励志大师"的身份回答一下这个问题：女孩要不要嫁给一个暂时看上去"一无所有"（仅限于物质方面的一无所有）的人？

其实，一般情况下，年轻人就是应该一无所有的。难道能指望刚踏入社会，就拥有自己想要的一切？

拜托！世界从未承诺不劳而获，我们还是要去创造、去努力，才能让自己的生活更踏实、更幸福。

永恒的不安才会产生持久的动力，可以说，很多人习惯性地看不起出身低微的年轻人，但他们从来没有意识到，这些年轻人可能才是真正的社会财富，因为他们有更多的意愿和更大的动力去奋斗。

只要一个年轻人敢拼搏、敢承担、敢负责，那么，即使一时困窘，也是值得嫁的。有一类人，是既没有优越的家世，又没有敢拼敢闯的勇气的人，这类人就不值得嫁了。

我出生的村子里有一个富翁，在全村都还没有富起来时，他家就盖上楼了；大家都盖楼时，他已经在县城里买上房子了。孩子读书争气，老婆也温柔贤良。

自打我有记忆开始，他发家前的经历几乎都是不幸的。七八岁时老妈死了，没多久外出打工的老爹也死了，他只好跟着打了一辈子光棍的叔叔一起生活。两人住在二三十平方米的土墙草顶房里——“屋上无片瓦”，不是诗词，而是现实。

他长得也不好看，几乎可以用又黑又丑来形容，所以一直娶不上媳妇。只能没日没夜地干活，从水泥工干到刷墙工、砌砖工，凡是能挣钱的活，他都干。后来，他开始包工程，慢慢地挣了不少钱。率先在村里盖起楼房后，原来都嫌他条件差的媒人们，开始陆续上门了。不过，他却找了一个不知道来自哪儿的老婆。他对她极好，在一个农民之家，她是连碗筷都可以不用洗的。后来他们搬到了县城，老婆照看超市，他在外面四处包工程。如果要求不要太高的话，他也算是实现了财务自由。是的，至少可以买得起过百万的车了，至少买得起价值几百万的房子了。

所以，关键不在于这个人现有的物质条件，而在于他是否勤快，是否有责任心，是否有潜力。让女人畏惧的，不是男人的贫穷，而是看不到希望。

在不考虑任何其他因素的时候，如果有男生问我会不会嫁给一个一无所有的年轻人，我会回答：会嫁，只要他乐观、坚强、勤奋、敢承担。但是，如果一个男生没有钱、没爱心，也不敢承担，那好意思问这些问题吗？

所以，真正的关键，不是一个年轻人当下是否一无所有，而在于他有没有值得信赖的品质。如果有，我愿意陪着他一起奋斗，共同经历欢喜悲忧，共同成长。同甘共苦的经历会让他更加感恩和珍惜。也许到最后都不一定还有爱与激情，但你会成为他永远在乎的人。

若是他能给你希望，就值得你陪他颠沛流离。

不要奢望对方能满足你

没有感同身受这回事，你无法全部走进他的世界，他也无法全部融进你的世界。

女子一旦恋爱了，便会感觉，这世间但凡有一句话、一件事是关于他的，便皆成美好，只觉他是世间最美好的男子。因为渴望与他骨血相融，所以他的一丝一缕情绪变化都牵动着你的心，因为依恋，所以和他的每一次相遇都是让人惊喜的奇迹，因为深爱，所以即使上刀山下火海也在所不惜。

三毛说："飞蛾扑火时，一定是极幸福的。"爱情中的女人，会是世界最勇敢的女人，爱就要爱得铿锵，爱得决绝，爱得奋不顾身、无怨无悔。

《大车》中的女子对心上人说："哪里是我不想和你一生一世，

只是你不敢罢了，哪里是我不想和你一起生活，只是你不愿和我私奔罢了。”虽然是唱曲，但其所爱、其所嗔、其所期都跃然纸上，一个为了爱人敢于同整个世界决裂的女子的形象，便鲜活了起来。

我们喜欢这样的女子，因为我们喜欢她言语里特有的女性的直白与决绝：“是你不敢啊，只要你愿意我马上就跟你走！”有点儿不甘，有点儿抱怨，有点儿你不愿意我也不会强求的意思，也有点儿我很希望你马上带我走的意思，短短一句话，已经包含百转千回的情感了。“是你不……”这句话的意蕴，只有身为女子的人才能体会，那绝不仅仅是在责怪谁，更多的是带着一点儿撒娇成分的告白。当然，告白往往意味着希望得到预期的回答——他爱你，敢为你付出。虽然有点儿索求的意味，但索求得可亲，索求得可爱。并且，对以如此口吻来索求承诺的女子，男子们怎忍拒绝？

所以听到女子表白的男子马上说，谁说我不敢和你一起私奔啊？我那么爱你，即使爱不到“天地合，才敢与君绝”，那也能“生不同衾，死同穴”，你要是不相信的话，我可以对天发誓言，有皎皎之日为我作证。

这当然是最好的回答了。

但事实上，可以为爱痴狂、弃绝凡俗的，多半都是女子，这是多么令人悲伤的一个现实！

古往今来，关于富家千金跟穷小子私奔的故事不胜枚举，富家公子和穷小姐的私奔故事却鲜有耳闻，而白马王子和灰姑娘的故事，只存在于一个只认脚不认人的奇怪故事里，并且，灰姑娘即使不嫁给王子，以她的身份，至少要嫁给个子爵、男爵才般配，否则家族颜面无存。即使痴情得宁愿抱柱被淹也要誓待佳人的尾生，其所恋之姑娘，亦是富家千金，而他却一贫如洗。姑娘要弃的，是已有的丰衣足食、现世安稳，而他除了贫穷之外没有什么可以放弃的；姑娘要面对的是贫贱夫妻百事待举之哀，而尾生要面对的是什么呢？与一个带着丰厚嫁妆的姑娘过上富足的生活。谁的成本更高、风险更大，一目了然，谁更勇敢，也一目了然。

敢与姑娘私奔的，往往也只是穷小子。因他一无所有，所以到哪儿都一样。若他家境富贵，就算爱上了穷姑娘，能做到力排众议，争取把心上人娶回家做妾，就已经算是很有诚意的男子了，很多穷姑娘甚至只能被那个男人别造金屋，做一阵子甚至一辈子外室。

人易生懒惰，男人也不例外，没有多少男人愿意抛弃富足的生活而去从头开始，所以富家公子与穷姑娘私奔的戏码基本上很难上演。李靖敢与红拂私奔，那是因为他的私奔没有成本，但好歹人家也是一表人才，并且后来发迹了，也算是一场结局不错的私奔。但司马相如和卓文君的私奔，就只算一个小人物以爱情为名行骗财之实的故事了。被夸大了才华的司马相如，看上的不是被后世夸张了美貌的卓文君，而是卓文君的父亲卓王孙的万贯家财——至于他后来的承欢于汉武帝，也不过是投靠了另一个卓王孙而已。

敢爱的始终是女人。

当然，男子不敢和心爱的人私奔，并不是因为不够爱或没勇气，而是两性差异太大。在相当长的历史时期内，女性多依附于男性，

“嫁鸡随鸡，嫁狗随狗”，女性几乎无法选择自己的命运。私奔是将一己之身交付给另一个人，看似是个重大的抉择，但对几乎没有选择权的女性来说，却未尝不是改变命运的机会。把赌注押在一个男人身上，自然是看到了他的好，不图那人是可靠良人，又玩什么私奔呢？

我们的本能就是最好的指引：女人天生就知道自己要什么，男人天生就知道自己要怎么做。当然，我们还需要爱和信任，只有彼此相爱、彼此信任的两个人，才能一起面对苦难，一起抵御不幸。

所以，“想要问问你敢不敢，像你说过那样的爱我”，是每一个在爱中的女人最热切的发问吧！

不过于女人来说，不要再像传统女性那样去依附男人。在农业社会，男人较之于女人确实更有优势，但在现代社会，新的生活和生产方式已经抹平了男人和女人之间的差异，所以，与其依靠男人，还不如学会自强自立。实际上，只要足够努力，让自己的收入达到普通标准是没有什么大问题的。更何况很多男人的资质还不如女人，想靠他们过上幸福生活，还不如指望江河水倒灌长空。

永远不要等待一个男人来满足你精神和物质的双重需求，很多男人做不到后者，绝大部分男人做不到前者——因为，没有感同身受这回事，你无法完全理解他的世界，他也无法全部融进你的世界。

知道你全部需要的只有你自己，即使再相爱，你也无法完全从男人那里得到你想要的全部。

不要依靠男人，要学会自强自立。

爱情救赎不了你，奋斗却可以

当你无论如何妥协都无法成全一段爱情时，请先成全现实，成全梦想。爱情救赎不了你，努力奋斗却可以。

曾经有一个人对她说："你若离去，我必不独活。"她很惊讶，像他这般理性睿智的男子，即使面对生死都能淡定自若，怎么会说出这般疯狂的话？见她一脸困惑，他道："生死事小，我把你弄丢了那么久，经历了千辛万苦才把你找回来，我不想再把你弄丢了，你也再不要走丢了。"

听完他的话，她顿时泪流满面，多年以来建立的理性与冷静瞬间溃不成军，这绵绵柔语，无论是真情还是假意，是哄人的情话还是永恒的誓言，都已经不重要了，重要的是，她爱听，所有的女人都爱听。无论什么样的女子，终归逃不过爱，逃不过男人的蜜语甜言。只是这些美好已成昨日曾经，他们最终还是分手了。

随后，她遇上了另一个他。交往一段时间之后，她觉得他值得托付终身。两人在一起的时候，他是那样的深情款款，是那样的细腻体贴。她想吃的零食，他会立马送过来，以至于她以为，从此以后，永远会是这个人，陪她度过下半生。即使她当初并未曾想过，自己的生命要和这样一个人有关。但是，既然已经沦陷于爱情之中，那就心甘情愿地沦陷下去吧！

年纪已经不小了，但她依然相信甚至渴望爱情，依然真诚热烈，依然飞蛾扑火般奋不顾身。在相信爱情的女子眼里，大约只要两人有情，便真是连喝西北风也会饱的吧！更何况，她并不指望生活的风风雨雨由他一个人去承担。

如果不是无意间听说他原本是个喜欢玩弄别人感情的人，她几乎已经认定，他就是她命中注定的那个人。即使如此，她内心里还是极力为他开脱：人不风流枉少年，少年情事，又何必当真呢？

后来，他不辞而别。她所有的不满和失落，只化为了一句留言：“你今天怎么回事啊？”

没有回音。也不必回了，她想。

她问我：“为什么我很伤心很绝望，却一点儿也恨不起来？”

其实，这没有什么奇怪的。你要知道，在这个时代，生死相许、一见钟情、死生契阔的故事，早已成为遥远的传说。

我们不会像卓文君那样，只是因为司马相如故作深情地弹奏了那曲不知为多少个女子弹过的《凤求凰》，就“很傻很天真”地要为这个人死、为这个人生。那场才子佳人的爱情佳话，最后结局不过仍然是痴情女子负心汉。

你渴望成为他的最后一个女人，一如卓文君与司马相如私奔的时候，笃定地相信自己是他万流归宗的海，但其实你只是流经过他的一条河。司马相如的爱，太单薄，单薄得让人觉得他追求这个富家女，不是为了爱情，而是为了少奋斗二十年；他的爱也太肤浅、太泛滥，即使她是最美的那朵花，也敌不过天涯无处不在的芳草的诱惑。何况，她未必是最美的那朵花。而你，更不是。从最初困窘中到处攀附挑逗的轻佻，到最后发迹时的见异思迁，我们能看到的只有一个伪装深情的司马相如和一个被虚夸了美貌与才情的卓文君。

同样，你自认为可以托付终身的那个人，只不过是个滥情的浪子，你却差点儿因为一时的感动就放弃了全世界。你们之所以在一起，可能并非因为相爱，而是因为他恰好很寂寞，而你恰好很无聊。

你为爱浪费了许多眼泪和时光，之所以没有没有留住这份爱，是因为命运希望你遇上更好的自己，过一种更有价值的人生。放下这段注定不得善终的感情，自重自爱，又何尝不是另一种成全！

那些既不曾善始亦没有得到善终的爱情，就算了吧！人生总是无法圆满，有时候尊重爱情就要背叛现实，成全现实就要辜负爱情。但是，只有被浪费的时光，没有被辜负的努力，当你无论如何妥协都无法成全一段爱情时，请先成全现实，成全梦想。爱情救赎不了你，努力奋斗却可以。

对爱人，不要“握得太紧”

对女人而言，遇到一个情投意合的男人，收获一份缠绵缱绻的爱情，便是人生中很浪漫、很幸福的事。在很多女人眼中，伴侣就是她的一切，必须竭尽全力将他紧紧拴在身边。

然而，很多时候，越是力图紧紧抓住爱，越容易失去。尤其在婚姻中，应该不会有哪个男人愿意娶一个“女王式”的妻子，因为那意味着，男人便成了这个家庭的附属品，或者是妻子的臣仆。

事实上，对于一个男人来说，最害怕的事情，便是在婚后丧失了独立的人格和自主的权力。而对于一个已婚的男人来说，最大的愿望，便是以一个非常有掌控力的形象来扮演家庭中的丈夫角色。

芝加哥大学心理学教授唐纳德·庞迪曾经说过：“对于一个男人来说，最不能忍受的就是被妻子控制。他们在心里渴望能够掌管一切事情，包括自己的工作、家庭的财政支出，乃至家务劳动，尽管他们不可能做到。一个真正精明的妻子往往会满足男人的这种心理，使他们有一种成就感。要做到这一点，妻子们首先要学会的，就是顺从。”

唐纳德要是在中国的课堂上讲这番话，可能会受到女人们激烈地反驳。肯定会有女人生气地说:“什么？让我们学会顺从男人？不！绝对不！女人那样做就是自取灭亡！男人们都那么自私，根本不会考虑妻子的感受，你给了他控制你的权力，那么他就会在外面花天酒地，哪里还有心思去想家庭和事业呢？”

的确存在这样的情况，男人容易开小差，尤其是在事业上取得了一点小成就之后。但作为男人的天性，女人指望用高压政策来控制，只会适得其反。

讲一个我身边的一对小夫妻的故事吧，故事里的妻子便因试图控制丈夫而差点儿使自己发疯。

小燕结婚后，家里大大小小的事情压得她透不过气来，她要照顾家庭，照顾孩子，还要上班，这些都是其次。最大问题是，小燕还要花很大一部分精力去操心她的丈夫：早上，早早起来为丈夫做好早餐，帮他选好西服领带；在送他出门之前，要嘱咐他上班之后要做的事情；还要仔细检查他的钱包，确保里面的钱不足以让他下班之后去酒吧或其他声色场所；晚上还要认真地询问丈夫一天的工作情况，并且拐弯抹角地问他白天都见了哪些女人，都说了什么话，做了什么事。

小燕一方面想通过这样的方式，看紧丈夫，同时，也是希望自己可以对丈夫的事业有所帮助。可让小燕万万没有想到的是，丈夫非但在事业上没有什么起色，反而对她也渐渐不耐烦起来。小燕质问丈夫为什么这么不领情，她为他做了那么多，他却对她越来越冷淡。

小燕的丈夫终于爆发了："你总是在强调是为了我好，你总是觉得你为我付出了很多，可你有没有想过我的感受？我的工资每一分都在你手里，有时候同事一起出去吃饭，我那点可怜的零花钱都不够我请同事吃一顿饭的。我连上班做什么事、说什么话都要向你汇报。在这个家里，我有一点点人身自由吗？我其实是个奴隶吧！不用你发工资，还把一切所得悉数上缴的奴隶！哦不！我比奴隶还不如！现在这个家只是你的，不是我的，不是我们的，所以，你不要再说你为这个家做了多少，为我做了多少。我要的是一个家，而不是一个奴隶主。我要自由，我要快乐，我每个月都会为自己留下一点钱，因为我要让自己得到放松。"

小燕这才好好地反思自己的所作所为。是的，她控制着丈夫的一切，剥夺了他的自由，使得他在这个家里没有任何归属感，因而也失去了责任感。

小燕的丈夫认为，自己不是在为这个家工作，而仅仅是在为妻子卖力。所以，他不觉得事业和他有什么关系，他挣多挣少，他自己能够拥有的钱，还是不够他在外面吃一次饭。

这就是控制的代价。它剥夺了男人的自由，继而又伤害到男人的自尊。于是，男人们没有了激情与责任心。他们会抓住一切机会去放纵。本来女人那些为了让男人永远忠诚于家庭的手段，却反而成了将男人越推越远的工具。

事实上，如果妻子放弃控制丈夫的想法，给予他在这个家中同等的地位，甚至居于决策主导的地位，并且对他的任何看法与观点表示出充分的尊重，他便能知道自己在这个家中的地位和影响力，责任感也会相伴而生。因为妻子对他的尊重与依赖，正是告诉他，她如此信任他，相信他是一个真正的男人，能担起男人该担起的责任。这样，他便会全身心地工作，积极努力地生活，因为他知道，这个世界上，有一个女人需要他来保护和照顾。

我身边的另一对小夫妻，妻子小莉在这方面做得就很好。

小莉便是给予丈夫充分自由和尊重的女人，她对丈夫的态度基本上是“放养”。而结果恰恰相反，正是她的这份信任与尊重，却把丈夫牢牢地拴在了自己身边。她不去检查他与哪个女人交往了，而他从不招惹其他女人；她从不询问丈夫下了班之后都去了什么地方，而丈夫除非有非去不可的应酬，否则，他十分恋家，一定早早地回来；她不唠叨让他如何如何打拼自己的事业，可丈夫拼命地工作只是为了让她过上安稳富足的生活；她也从来不把丈夫的钱包掏得空空的。

可起初，的确是有朋友为小莉捏一把汗的，她们觉得小莉这样会把丈夫惯坏的。可事实却恰好相反，结婚这么久，他们两个人相敬如宾，非常恩爱。

于是，笔者去采访了小莉的老公。他说：“其实，在结婚前，我对婚姻还是十分恐惧的，因为人们都说，婚姻是爱情的坟墓。于是，我偷偷地存下了一些钱，并且想了一系列的办法来应付婚后的生活。可我妻子用她的实际行动打消了我的顾虑。结婚后，我非但没有被控制的感觉，反而觉得更加自由了。小莉也工作，她不仅不控制我的薪水，我还能自由支配我们两个人的薪水，我很高兴。我高兴的原因，并不是因为我可以拿着这些钱去外面花天酒地，而是我可以尽自己最大的努力合理地支配着我们家的财务。因为我知道，整个家都需要我来照顾，家里所有的收入都在我的手里。我甚至比一些家庭主妇还要抠门。”

的确，男人的属性其实很像沙子。你握得越紧，沙子便流失得越快。也许，有的女性朋友会问，我不握紧沙子，难道还将沙子扬了不成？

当然不是，女人当然不能允许男人胡作非为，但是必须给他充分的尊重与自由，这样他才会回馈你一幅写满幸福的沙画。

第八章

二十几岁，
你的人生有无限可能

别在二十几岁，就过完了你的一生

我想要的安稳，我自己给

此生若能得幸福安稳，谁又愿颠沛流离？但是，正如死亡正是我们活下去的理由一样，颠沛流离恰是我们要追求的幸福安稳。

假如有人在我颠沛流离的时候，许我现世安稳，让我不再担心；

假如有人在我说我什么都不在乎的时候，理解我所有的渴望；

假如有人在我强作欢颜的时候，轻声安抚我不要悲伤；

假如有人在我蓬头垢面的时候，温柔地说你怎么着都很漂亮……

那么，即使沧海重新变成桑田，所有的高山都夷为平地，你我都灰飞烟灭于无形，我也不会忘记属于我们的热烈时光。

安全感，换个词就是安稳，也许有人觉得安安稳稳地过一辈子很无趣，但女人永远都渴望这份安全感。

房东突然提出解约，无处栖身的她感觉很无助，就把自己的愤怒发到了微信朋友圈。没想到不久后，接到了分手很久的前男友小李的电话:“我有房子了,你能回来吗？我们可以好好地生活。”

听到这句话时，她着实被感动了，一个男人要多专情才会一直挂念她啊？在不能给予时，他选择不去打扰，让她飞，让她在别的男人怀里流浪,而在她受伤时,又能给她一个可以依靠的肩膀。自己努力打拼，所有的孤独和彷徨都一个人扛。然后呢，还给她全世界男人都给不了（其实是不愿意给）的保障。“冬雷震震，夏雨雪，天地合，才敢与君绝”的痴心守望，于一个女人来说，想不感动都不行呢！

小李说出这样的话时，她还是小有满足的，感觉自己虽然在外漂泊，但终归是有去处的。并且，她确信在小李那里，她不必取悦谁，也完全不用面对复杂的家庭关系。在伤心难过中，她差点儿就决定奔着小李许诺的“幸福”去了:有人愿意且能敛她忧伤，值得托付啊！

小李第二次打电话请求她“过去”时，因为一点儿小事，她顺口说了一句：“你怎么不去死呢！”

“这么多年了，为什么你还是不能好好说话？”

“呵呵，你配得上我好好说话吗？”

当她说出这句话后，突然意识到：自己在这个男人面前，总是有强烈的优越感，骄纵惯了，连说话的口气都很蛮横，这样的相处方式，大概不会幸福吧？

如果一个男人多年以后“深情款款”地请前女友回去，女人还真把这些当成“最感动的告白”，这件事本身说明了什么呢？

第一，这么多年了，自己也没找着个更好点儿的男人。

第二，自己是混得多没有出息，一个早就厌弃的对象，用不大的房子和不多的钱就能重新让自己感动不已！

第三，自己的表现太差了！那个曾被你厌弃的人表示出一点点好，你就要着急地答应，可见，这么多年以来，除了年龄和皱纹有所增加外，你没有任何成长。把全部青春和美好，都浪掷在流浪里，连基本的生活安稳的能力都没能拥有。

要回去吗？她想起了他过往的种种。

懒，几乎一年到头不刷牙、不洗澡；爱抽烟，一天至少抽一包；在迫不得已的情况下勉强做次饭，别的家务从来不做；没上进心，有多少钱就花多少钱，然后四处去借；言而无信……

即使这些全都不计较，她也无法忘记自己在动完手术的夜里想要上厕所，喊到声嘶力竭都叫不动身边的他，自己又无力爬起的绝望。

“不”，她在电话里跟我说起这件事的时候，决绝地说，“我不需要这样一个男人！我不要回到过去！我知道，终有一日，我们都会被这个世界驯服，会向现实妥协，会变得圆融通达或圆滑世故，但之前的每次不妥协，都是最宝贵的财富，那是我们更好地生活下去的资本。”

我点了点头，是的，她浪掷了全部青春，为的就是找到一条适合自己的路，她颠沛流离，为的是追求一种属于自己的幸福安稳，实在没必要因为眼下的困境而去做不值得的交换。

“我想要的安稳，我自己给，从此以后，不再相信和依赖任何其他人。”说完这句话，她像是突然放下了一块石头。

是啊，坚持理想的路上，怎么会没有波折？被房东坑一次，不过是人生之旅中一次再小不过的挫折而已，岂可因为这么点儿小挫折，就放弃多年的坚守？

别在该动脑子的时候动感情

放荡不啻为一种对多情的浪掷，更是一种践踏。将多情和易感动归为轻贱，与将多情归为放荡一样可怕。

感情这回事，没那么简单。

一个网络作家说，一个大龄单身女子一定会同时有多位男朋友。这句话我是不赞同的，她所言的情况虽然有可能在某种范围内真实存在，但即使她对自己所论述的范围做了严格限定，这种论断仍然失于武断。并不是所有的单身女子都受不了空窗期，每年或每几（大约不大于三）年就一定要发展一两段恋爱关系。

能在一段关系结束后迅速投入另一段关系的人，要么是有清晰的自我定位、目的非常明确或内心非常强大的人（要知道，这样的姑娘不多），要么是试图以一段新关系来救赎前一段伤害的人

（这样的姑娘相对比较多），即便在这两个群体中，能在结束一段关系后马上就进入下一段关系的人也不多。

原因很简单，通常来说，不管是条件一般的姑娘，还是条件极差或极好的姑娘，都不可能在谈恋爱的同时，还有好几个备胎。而因为不甘寂寞而自我放纵的姑娘，不在讨论范围之内。

“你是什么样的人，看到的就是一个什么样的世界”，这个网络作家之所以得出如此结论，恐怕与她所在的社交圈子有关。就像担心另一半出轨的女人和对任何年轻漂亮的姑娘都特别警惕的人妻，在她们眼中，长而直的头发都能成为“绿茶女”的标志。

像她那样“爱好”交男友的女子中，肯定不乏已婚人士，而单身女子中，也会有沉溺在过去的痛苦中暂时不愿发展新恋情，或因有事业追求而暂时屏蔽感情问题的。总之，是否“爱好”交男友，跟单身与否无关，她的言论太过武断。

我以为，这个作家只是因为发现了女性群体本身的多情、心软、容易被感动，或者因为情感不容易在一个人身上得到满足，便选择琵琶别抱，转而去寻找心理平衡和安慰，才有此一说的。关于前者，她不知道的是，这些行为是人类的本能。万物负阴而抱阳，阴阳合力，才有了这个世界，既有阴阳，必然有本能的爱力。很多女人之所以是某个男人永远追求不到的，是由于相对条件的不具备，而不是他们绝对没有可能。

这让我想起自己曾经的一个追求者，他有一定的经济实力，也相当在乎我。听说我感冒了，可以深夜坐车从四百公里之外赶来看我；知道我爱书，就成百上千地买给我；尽心尽力帮助我、爱护我，我不愿做的事从来不勉强我。以我现在的阅历和眼光重新审视这段感情，我会觉得，他是一个理想的爱人。但当时年少，仅仅因为他的长相不尽如人意，就一直对他不感兴趣。

当然，我并不是说现在很后悔，因为我知道，当时的选择，是基于当时的阅历和认知水平所做出的最明智的选择，完全没必要做事后诸葛亮，所以，我也没有什么好后悔的。

我为什么能在当年那么需要金钱的情况下，拒绝一个物质条件不错的追求者？是因为当时我身边还有一些各种条件都不错的追求者，因为还有得选择，所以不想在一棵歪脖子树上吊死。如果我没得选择呢？如果我这辈子就只见过这一个男人呢？如果我还是以前那个没有修行心的我，只要条件具备，我敢说，很有可能会选择他。

再次强调：我之所以没和一个人在一起，不是因为他在任何情况下都追求不到我，而是他不具备追求到我的相对条件。

因为恨，我们更加懂得了情为何物。

如果遭遇了背叛、抛弃，大多数女人倾向于认为是第三者“勾引”了自己男人。其实，在男人眼中，任何未婚的或有吸引力的女性的存在本身就是诱惑，根本不需要刻意的“勾引”，这是男人的本能——广泛传播基因的雄性动物本能。而女性对向自己主动示好的男性，通常是宽容的，即使并不爱那个男性，但谁会拒绝别人的爱呢？只有选择特别多，或个人目标不在感情上而在事业或精神追求上的女性，才会相对苛刻。

容貌、智力、学历等差异越小的异性之间，沟通、互动起来越容易，如果男性在这些方面更有优势，也会很容易。如果双方在以上诸项上差别不大，只要稍弱的一方尽力弥补，情况也不会太差。如果稍弱的一方是男性，只要执着追求，也能获得女性芳心。穷丑男可以通过才华与执着赢得白富美女，同样，穷丑女也可以通过智慧与真诚赢得高富帅，只是绝大多数穷丑男和穷丑女不具备足够的智慧罢了。

总的来说，男人和女人之间，两情相悦的机会太多了。一见钟情，电光火石，不需要太长的过程，也不需要什么沟通成本。但是，你能被你老公或男友追到，就不允许别人同样被追到？所以，不要痛恨第三者为什么不拒绝你的伴侣的追求——沟通的成本太低，对感情来说并不是件好事。

但死抱着幻想不放的女人，又找出一条"应该"来：别人不应该轻易地与自己的伴侣发生性关系，在她们眼中，一切都是第三者的错。她们完全不能理性地思考一下，别人有选择自己生活的权利，而你家男人却不能随意践踏你们之间的婚姻契约，因为他对你有法定义务，而别人没有。

在一般情况下，承诺给你幸福的是出轨方，破坏婚姻协议的是出轨方，背叛你的是出轨方，对你造成伤害的是出轨方。由于第三者主动纠缠且没完没了，也会导致男人出轨，不过种情况很少见，但这也不代表男人就不该承担责任。

你想想，如果A企业跟B企业签了合作协议，承诺不再跟任何第三家企业合作，但B在合作过程中，感觉不满意，便悄悄跟C企业合作，在这样的情况下，A企业难道不应该追究B企业的违约而是指责C企业的“共谋”？好比明明是锅底的火太旺，但女人们不进行釜底抽薪，而选择扬汤止沸。明明是心脏功能不好导致四肢发冷，但她们不治心脏病只想着加衣服，结果当然是治标不治本。

当然，女人倾向于责备“第三者”似乎也是生存本能决定的——女人在婚姻中，无论是情感上还是物质上，多是弱势一方。弱者对付不了强者，只好打击相对柔弱的竞争者。但我要说的是，请不要总是按本能行事，假如可以，无论是女人还是女孩，都还是应该多动些脑子而不是发泄情绪。

我认为，一些人之所以放浪形骸，是因为她们竭尽全力之后，连最平凡的感情都不曾拥有，看似洒脱的背后，实则是自卑到极点后的自弃。她们甚至有一种强烈的习得性无助感，这使得她们习惯于在伤害中验证伤害，以此来告诫自己那还未完全死透的心。

她们误读了生物本能，将多情、易感动与放荡完全相提并论。殊不知，多情是一种本能，因为多情，人类增加了获得伴侣、繁衍后代的概率，因为多情，人们懂得了感恩，学会了原谅，知晓了包容。可以说，放荡不啻为一种对多情的浪掷，更是一种践踏。将多情和易感动归为轻贱，与将多情归为放荡一样可怕。

如若世间人都无情，那将会怎样的冰冷？虽然许多人的多情产生了极其负面的作用，但即使如此，我们也不能将多情视作放荡，将易于感动当成轻贱。“多情自古空余恨”，因为多情，我们识得了恨之名，因为恨，我们更加懂得了情为何物。

我想，比较健康的状态是这样的：明明受尽了伤害，却因看见了最本质的纯真而更加单纯，明明一直在爱情中深受打击，却因更加了解爱情而愈发忠贞坚定。

相信我，所有的伤害与打击，都可以在理解中被消解、被宽容。所有让你流过泪的事，确实可以在释怀那天，笑着说出来。

所以，无论因为多情受过多少伤，都不是你放纵自己的理由，无论轻易感动招致了多少辜负，都不是我们拒绝付出的借口。珍爱自己，理性权衡自己的感情，不必拒绝付出，但也不要因为轻易感动而伤害自己。准备好永远会深爱的真情以及可以随时接受分手的坚强内心，你便可以活出自己的风采。

不要轻易尝试放纵的滋味

你始终要活下去，并且精彩地活给那个离开你的人看，你必须有能力，让自己承受得起任何生离或死别。

一个朋友说，他爱一个女人，爱得像一条狗，毫无自尊。听了这句话，我的心脏像是被深深地刺了一刀。是怎么样一种依恋和不舍，才能使人如此卑微？是的，面对爱情时，很多人没有自尊可言。想象一个人匍匐在爱情脚下被抽筋扒皮，却又心甘情愿、奋不顾身，我就会因为心疼而忍不住颤抖。对很多人而言，只要他们喜欢的人愿意和自己交往，哪怕只是做一个不远不近的朋友，他们都心甘情愿，只是，我这位朋友，连这种机会都没有。

最痛苦的爱情，是你在我心里，却不愿陪在我身边。

我一步步地打破自己的禁制，突破自己的底线，放下自己的坚持，只是为了无限接近我所爱的你。张爱玲对胡兰成说："你只是在我这里来来去去亦可。"是的，有那么一些人，只要可以看见，只要还能相拥，哪怕你只是来来去去，从不想要停留，也可以。

我可以放弃自尊，可以任你招之即来挥之即去。因为我爱你，想要对你好，为了成全这份爱情，我愿意无限妥协下去，只求你不要从我视线中离开。但是，有些人即使跪着，也没能赢得一份爱情。

我回答这个伤心的朋友说："对方有情时，你可以不要自尊。但对方无情了，你首先要找回的就是尊严。"既然无限妥协都看不到希望，那只能痛下决心，彻底放弃——因为，你必须学会独自承受任何生离死别，你必须精彩地活给那个离开你的人看。

离开任何人，你都要精彩地过一生。

说到这里，不由想起相熟的一个姑娘。她情路多艰，总是轻易地就喜欢上一个男人，总忍不住用肉体去征服或取悦自己喜欢的男人。太易动情，太易奉献肉身的她，最终不仅难再怀孕，而且陷入了深深的绝望。她会渴望他承诺的未来和希望。但她永远不知道，太轻易的交付是换不来天长地久的爱情的。

BBC纪录片中，很多动物尤其是鸟类的性交时间，只有一秒钟不到，仅仅交配一次，大多数雌性就能怀孕或生出授过精的蛋来，受孕成功率近乎百分之百。人类的受孕成功率也很大，但与动物不同，人类的两性之间会产生持久的情感依赖，尤其女性对男性的情感依赖更强烈、更持久。从此，那人的一言一行，都变成了与她直接相关的牵挂。

所以，女性不要轻易交出自己的身体，因为那里驻扎着精神世界最本质的安全感。和一个人没有肉体关系，即使爱得再深，也不至带来更深的伤害。

对女人来说，享受了一分喜悦，就要承担十分的痛苦。当然，并不是说我们因此就不再去爱，而是，不要轻易托付肉体，不要轻易形成痴念，不要轻易尝试放纵的滋味。

你的幸福，你说了算

归过于人，不如自我疗愈。所有的伤和痛，都要我们独自挺过。

鲁迅先生临死前写道，“我的怨敌可谓多矣，倘有新式的人问起我来，怎么回答呢？我想了一想，决定的是：让他们怨恨去，我也一个都不宽恕。”为什么要宽恕？这个世界离不开爱，同样也离不开恨。爱恨合力，转动了命运之轮，所以弘一法师的绝笔是“悲欣交集”。有了这爱恨合力的推动，情感的世界里，便免不了恩怨牵连，斩不断理还乱。

一个女人无意间发现丈夫电脑里竟有“前任”的照片，于是伤心欲绝，对“前任”恨得咬碎银牙，只差扒皮抽筋、挫骨扬灰以泄恨。于是，她四处造谣，中伤侮辱“前任”，认为“前任”蓄意破坏她的婚姻和“爱情”。

天知道，所谓“前任”，其实只是这个男人的一厢情愿，“前任”从来没有爱过他，自始至终，都是他在死缠烂打、穷追不舍。直到她的出现，他才放手，他一松手，那个“前任”便如鸟儿脱笼一样急急离去，毫无留恋。

感情的世界里，总有一个人会念念不忘。他们结婚之后，男人仍然对“前任”念念不忘。“前任”把他的电话号码拉入黑名单，把他的QQ号删除后，他就变着电话号码打给她，换上QQ小号骚扰她。“前任”坚持不再见他，他就谎称自己重病在身、命不久矣，善良如她，怎会对故友没有一份恻隐之心呢?

但女人却一心认定是“前任”主动纠缠自己的老公。她认为就算是自己的老公纠缠“前任”，“前任”也应该坚决予以拒绝，她甚至认为，哪怕他以性命相逼，“前任”也该以死明志，绝不苟且。

把如此不可理喻的逻辑当成理所当然，实在可怕！

这个女人没想过：承诺给她“忠贞和责任”的是他，理当为此承担责任的也是他，从男人那里得不到的爱情，她却要从“前任”那儿索要，是不是太傻太天真?

她展开了对“前任”的穷追猛打，仿佛所有的罪过都要由那个“前任”承担。当然，她不知道的是，她的丈夫在她闹过后又无数次打电话要和“前任”和好，对“前任”解释说自己和她结婚只不过是为了找个可以照顾自己生活的女人。

她不知道，无论她如何在丈夫面前历数“前任”的不堪，都敌不过他的依然在乎，也敌不过“旧情复发”的热烈。

她同样不会知道，他自始至终不过是在敷衍她。他很清楚她所谓的“爱情”和“忠贞”背后的利益诉求，但是她不清楚，还以为自己得到的是真正的爱情。

如果她知道，他在“前任”面前说她“容颜平平”“嫁人只为拥有他名下的财富，只为求得安稳”“人都是现实的”后会有何感想。我想，男人对这段婚姻的如此定位，于一个女人来说，恐怕比假想敌“前任”的存在要残忍得多。

不要觉得自己很伟大，就算你把一场显而易见的利欲交易包装成“爱情”，对方也是心知肚明的。

不要要求对方的忠贞，因为所谓的忠贞，在你那里不过意味着财产独占。即使没有“前任”的存在，你也未必能得到对方的爱情，因为你不值得被给予。动不动就祭出所谓的“忠贞和责任才是爱情”这样的道德大棒，不能证明你多无辜，只能证明，一个人如果只有愚蠢的自私，只有所执之障而毫无理性，再怎么归过于人，终归也不配得到爱情。

韩国电影《宫女》中，倔强而有原则的内医女千玲，在调查宫女死亡案时，遭遇到了个体原则与群体利益相冲突，也遭遇到了生存困境。当一个女人深陷困境且只有一个男人愿意施以援手时，女人都会剥下所谓的爱情面具，赤裸裸地要求其作为自己的靠山。为了增强力量，甚至不惜与情敌合作，只求获得一份保障。在这个权力集中的地方，在这个并不缺少物质资源的地方，女人却一无所有，她竭尽全力，所求也不过是基本的生存保障。而男人在该给她一个明确说法的时候，选择了离开。

可见，就算打着爱情的旗号，生存斗争还是生存斗争。

世事不会因为你不愿承认就不发生。再多恨意，也改变不了所谓的“爱与责任”都只是个体追求安全感的本质；再怎么谴责，也改变不了被爱人背叛的残忍现实；再怎么反扑，也只能证明弱者伤得越深。

放心吧，如果一个男人在你面前把你的“情敌”说得很不堪，他就会在你的“情敌”面前把你说得更不堪。

怨恨和报复并不能让受伤的你走向解脱。这个世界上，有一些人总是想通过伤害别人来弥合自己的伤痛，但你的怨恨只会让对方也产生怨恨，从此进入冤冤相报的恶性循环。

所以，如果你受伤了，最好的方法是去治愈自己。即使你真的遭遇了背叛，也请坚强一点儿，独立承担。当然，这看上去非常不公平，但是，自我修复不需要什么公平，只需要内在的力量。任你恨谁都无济于事，我们只能承担治愈自己的责任。

如果某天我遭遇抢劫，还挨了一刀，这对我来说，真是太不公平了。我可能会痛苦，会怨恨，会指责这个劫匪，劫匪也会为此遭受法律的惩罚，但无论怎样，身体上伤口的愈合只能靠自己，而过度的愤怒只会导致伤口痊愈得更慢（愤怒会抑制免疫系统的功能）。当然，身体上的伤迟早会痊愈，但如果我总是耿耿于怀，心理创伤永远都不会恢复。

归过于人，不如疗愈自己。

所有的伤和痛，都要我们独自挺过。所以《无量寿经》曰：“人在爱欲之中，独生独死，独去独来。苦乐自当，无有代者。”

成全自己，是治愈伤害的良药

把所有报复别人的力量，都变成成全更好的自己的努力，才是对伤害我们的人的“最好报复”。

或许，每个男人都希望拥有一个面容姣好、身材匀称、淡泊名利，可以满足自己所有欲望的完美女孩，她不爱你的钱、不爱你的房子，只爱你的风采和魅力！或许，男人和女人一样，都非常善于勾画关于完美异性的幻想。

大部分男人会本能地喜爱女人的自然属性——肉体，对于人到中年、事业有成并见多识广的男人来说，如果一个年轻可爱（记得，凡是男人不讨厌的女人都可爱）的姑娘偎依在他怀里的时候，恐怕他也很难说出“我太爱家里年老色衰的孩子他妈了，所以不得不拒绝你”这样的话，并且默默地把已经被挑起的欲望压下去。

但欣赏女性的自然属性不是男人唯一的爱好，男人还要受限于其社会责任，或为人子为人夫，或为人父为人兄，即使责任心再弱，也不可能全然抛开这些社会关系。

女人很难只靠身体取悦男人，或只靠容貌吸引男人就能坐拥一切，何况很多女人的资质未必够好，还是早早放弃以此为生的想法为好。否则，不仅财色两空，连你已经拥有的一切，都可能会失去。

某个女人想凭借容貌姿色在演艺圈中赢得成功，但她一路走下来的结果却是灰飞烟灭、永劫离殇了。

她之所以落得如此下场，是因为她错误地以为：有姿色的女人更容易在这个圈子中获得成功，她想，凭自己的天香国色，总有一天能让“潜龙在渊”变成“飞龙在天”,再不济也能“见龙在田”,傍上个对自己有利的大人物。所以她不断地游走在各色男人之间，希望他们对自己有所帮助，希望有朝一日可以名利双收。但她玩过头了，直接玩到了“亢龙有悔”，让她崩溃的是，那些男人都是逢场作戏，口惠而实不至，占有她的肉体后鲜有兑现承诺的。

她没有搞明白一点，有姿色的人之所以成功，不单是因为长得漂亮，还因为她与别人的合作，能给对方创造价值。

容貌姣好的女人总是讨人喜欢的，但只有姿色的女子在社会上并没有多么明显的优势。如果她自尊、聪明、勤奋，知道自己应该朝哪个方向努力，能为社会创造什么价值，或许可以找到一条适合自己的路。但她心浮气躁，总想着借力上位，一次又一次地委身于人，肆意践踏自己作为女人的尊严，在这条路上越走越远，连回头的想法都不曾闪现过。当一个女人如此自轻自贱，谁还会认真对她？

达不到目的的她崩溃了，歇斯底里地向社会公布了自己这一路走来的所有隐情。可这反倒让自己更加声名狼藉。她亦不只是可悲，而是可恨了，她的人生境遇是不难预见的，想在圈子里继续“混”下去，难；想从良嫁人，亦难。唯一的出路是：不再自轻自贱，放弃不劳而获的思想，不再企图走所谓的“捷径”，从此勤勤恳恳地努力从低处做起，也许还有一片属于自己的天地。

本想不劳而获，以为找到了通向成功的“终南捷径”，谁想“赔了夫人又折兵”，期望一再落空，人格一再被践踏了。面对如此遭遇，最好的策略可能是反省，但伤痕累累的她选择了报复，结果却遭到了更大的伤害。

“可怜之人必有可恨之处”，若只是遭遇偶尔的伤害，或许问题还不在自己身上，但当一连串伤害向你袭来时，你就要反思自己的性格、行为，而不是去实施报复了。越是疯狂的报复，越暴露自己的懦弱——伤得有多深，就纠缠得有多执着。

《警世通言》中，绝望之下怒沉百宝箱的杜十娘，为了报复李甲的负心，选择了死亡，想让那个负心人内疚一辈子。她唯一的“杀伤力”，就是让负心人良心有愧（我若死，你将悔恨终身）而已——而这，不过是一种最绝望、最无能为力的报复。他的愧疚能持续多久呢？面对新欢，或许所有的愧疚都会瞬间烟消云散吧？

以牙还牙、以眼还眼不是最好的报复，这种报复只会变成一种冤冤相报的恶性循环。虽然受过伤害，但依然拥有创造幸福的能力，这样的幸福，才更加牢固、更加珍贵。

化愤怒为力量，努力成为更好的自己，这才是对伤害我们的人的“最好报复”。

好朋友可以明算账

生活中，我们和朋友之间难免要发生一些金钱上的“互动”，这本来无可厚非。朋友之间，礼尚往来，互赠物品，或者在适当的时候一起吃饭喝酒等都是正常的交际行为，属于人之常情。但错就错在有些人一直认为，既然是朋友，就不要把账算得太清楚，那样显得过于计较，对朋友关系不利。

事实真的是这样吗？朋友之间的糊涂账对于朋友关系到底是有利还是不利？我们先不多说，不妨先看一个故事。

我的朋友黄先生是个生意人。当初，黄先生找来几个朋友，准备一起合伙做建材生意。经商定，几个朋友分别投资几千元至几万元不等，黄先生则从银行贷款8万元，加上自己原有的存款共计11万元作为投资。很快生意做了起来，在短短几个月时间里，赚了不少钱。

可惜的是，不久之后，几个人因为种种原因分道扬镳，黄先生想要拿回当初的投资，结果处处碰壁。因为最开始黄先生以为都是朋友，就没有将几人的合作关系、合作时间、经营项目以及每人的出资情况落实到书面上。现在，其他几位朋友都已经收回了当初投入的钱，而黄先生却拿不到当初的投资成本。

黄先生多次找朋友索要，最后还剩近5万元的投资收不回。黄先生追悔莫及，无奈之下他将几个合作人告上了法庭，但是由于缺乏证据，法院最终判黄先生败诉。

获得败诉的结果正是由于当初黄先生没有摆正朋友和生意之间的关系，用私情代替理性，没有立下书面的规矩，最终毁了生意，坏了交情。

你也许没有亲历过黄先生所经历的事情，但你肯定也或多或少听说过类似的事例。两个人本来是非常要好的朋友，一般来讲这种关系是牢不可破的，但就是因为在经济上没能把账算明白，以至于到头来产生了很严重的隔阂，老死不相往来。这就证明，朋友之间还是明算账的好。

俗话说得好："交义不交财，交财两不来；要想朋友好，银钱少打扰。"这就是说朋友关系的基础是情义，而非金钱。其实金钱对于朋友关系本身来讲并非一定就会产生消极作用，关键是你们之间如何处理金钱关系。有些朋友之间在金钱上不分你我，表面上似乎表明彼此的关系十分要好，但事实上却给朋友关系埋下了隐患，很可能会因此造成朋友间友谊的破裂。

首先，由于物质的入侵，朋友之间平等的关系会被金钱交换关系所代替。这时，被金钱腐蚀了的友谊就可能变成掩盖错误甚至包庇违法犯罪行为的"保护伞"。经济上的你我不分，就会导致不讲原则、是非不分的结果。

其次，很多时候，金钱确实会使友谊变质。过多的金钱来往，往往使相互之间的关系过分地依赖这种金钱上的需求，使朋友之间相互平等的关系变成经济上的依附关系，让纯洁的友谊蒙上拜物主义和拜金主义的灰尘。将来，如果一旦这种金钱上的需求丧失了，朋友关系也无法维持下去。所以朋友之间在金钱上的来往务必适可而止，即便是生意上的合作关系，账目上也一定要做到清楚明白，不给金钱“逆袭”我们的朋友圈留下任何机会。

当然，朋友之间倘若完全没有金钱往来，那非但不现实，也不符合从朋友中寻找财脉的理念。因此，你必须要学会“亲兄弟，明算账”。

朋友之间为了交流感情，加深了解，在一起吃饭、娱乐是常有的事。在这种时候，你可千万不能过于小气，没有人愿意同小气的人来往。并且，这些付出，是你构建自己朋友圈必要的金钱和情感投资。

现在很多人喜欢AA制，其实这就是亲兄弟明算账的一种体现。但要注意的是，对于有些人来讲，他们比较反感与朋友搞AA制，觉得这样疏远了感情。因此，实行AA制还得因时、因地制宜。

金钱互动还有一种最重要的形式——借钱。这个问题在朋友中是个敏感的话题。往往是要借钱的一方不好意思开口，另一方则不好意思拒绝。处理这个问题，作为借钱的一方，开口前要想到：自己与对方的交情如何；能否想出别的办法，比如向银行贷款等；对方的实力如何，借钱给自己是否有难处；自己的偿还能力怎么样，可以向对方承诺多长时间内一定还清(承诺了就一定要兑现，否则就没有下次的机会了)。

而借钱出去的朋友，要思考如下问题：首先这个朋友是不是讲信用，再好的朋友也应该有道德约束，品质不好的人本身就不值得你为借不借钱给他发愁。然后是自己的实力，是否真有这样一笔闲钱，还是要从自己的开支中省出来。如果是省出来的钱借给别人，就要问问自己愿不愿意，还要考虑家人的感受。最后还得考虑对方的偿还能力，自己辛辛苦苦挣来的钱自然要花在刀刃上，有去无回的钱是绝对不能借的。

对朋友之间经济上的帮助是应该肯定的，也是无私的，伸出援手的时候就没有希图对方补偿。但这只是事情的一方面。另一方面，应该明白，帮助从来都是相互的，即使被助者无力给朋友以对等的帮助，但也要心中有数，记住“来而不往非礼也”的古训。当有机会对朋友的帮助进行回报时，就一定要及时，力争使这种物质上的来往大体保持平衡。当朋友之间有较大的经济利益时，则要本着“好朋友还须明算账”的原则，采取适当的方法，互相尊重，妥善处理彼此的经济利益。这样做，看似无情，实则有义，“买是买，送是送”，可以避免许多无益和有害的纠纷，使友谊更加牢固。